高等院校动画专业核心系列教材

主编 王建华 马振龙 副主编 何小青

三维动画建模基础

顾 杰 编著

U0376280

中国建筑工业出版社

总　序

INTRODUCTION

　　动画产业作为文化创意产业的重要组成部分，除经济功能之外，在很大程度上承担着塑造和确立国家文化形象的历史使命。

　　近年来，随着国家政策的大力扶持，中国动画产业也得到了迅猛发展。在前进中总结历史，我们发现：中国动画经历了 20 世纪 20 年代的闪亮登场，60 年代的辉煌成就，80 年代中后期的徘徊衰落。进入新世纪，中国经济实力和文化影响力的增强带动了文化产业的兴起，中国动画开始了当代二次创业——重新突围。2010 年，动画片产量达到 22 万分钟，首次超过美国、日本，成为世界第一。

　　在动画产业这种井喷式发展背景下，人才匮乏已经成为制约动画产业进一步做大做强的关键因素。动画产业的发展，专业人才的缺乏，推动了高等院校动画教育的迅速发展。中国动画教育尽管从 20 世纪 50 年代就已经开始，但直到 2000 年，设立动画专业的学校少、招生少、规模小。此后，从 2000 年到 2006 年 5 月，6 年时间全国新增 303 所高等院校开设动画专业，平均一个星期就有一所大学开设动画专业。到 2011 年上半年，国内大约 2400 多所高校开设了动画或与动画相关的专业，这是自 1978 年恢复高考以来，除艺术设计专业之外，出现的第二个"大跃进"专业。

　　面对如此庞大的动画专业学生，如何培养，已经成为所有动画教育者面对的现实，因此必须解决三个问题：师资培养、课程设置、教材建设。目前在所有专业中，动画专业教材建设的空间是最大的，也是各高校最重视的专业发展措施。一个专业发展成熟与否，实际上从其教材建设的数量与质量上就可以体现出来。高校动画专业教材的建设现状主要体现在以下三方面：一是动画类教材数量多，精品少。近 10 年来，动画专业类教材出版数量与日俱增，从最初上架在美术类、影视类、电脑类专柜，到目前在各大书店、图书馆拥有自身的专柜，乃至成为一大品种、门类。涵盖内容从动画概论到动画技法，可以说数量众多。与此同时，国内原创动画教材的精品很少，甚至一些优秀的动画教材仍需要依靠引进。二是操作技术类教材多，理论研究的教材少，而从文化学、传播学等学术角度系统研究动画艺术的教材可以说少之又少。三是选题视野狭窄，缺乏系统性、合理性、科学性。动画是一种综合性视听形式，它具有集技术、艺术和新媒介三种属性于一体的专业特点，要求教材建设既涉及技术、艺术，又涉及媒介，而目前的教材还很不理想。

基于以上现实，中国建筑工业出版社审时度势，邀请了国内较早且成熟开设动画专业的多家先进院校的学者、教授及业界专家，在总结国内外和自身教学经验的基础上，策划和编写了这套高等院校动画专业核心系列教材，以期改变目前此类教材市场之现状，更为满足动画学生之所需。

本系列教材在以下几方面力求有新的突破与特色：

选题跨学科性——扩大目前动画专业教学视野。动画本身就是一个跨学科专业，涉及艺术、技术，横跨美术学、传播学、影视学、文化学、经济学等，但传统的动画教材大多局限于动画本身，学科视野狭窄。本系列教材除了传统的动画理论、技法之外，增加研究动画文化、动画传播、动画产业等分册，力求使动画专业的学生能够适应多样的社会人才需求。

学科系统性——强调动画知识培养的系统性。目前国内动画专业教材建设，与其他学科相比，大多缺乏系统性、完整性。本系列教材力求构建动画专业的完整性、系统性，帮助学生系统地掌握动画各领域、各环节的主要内容。

层次兼顾性——兼顾本科和研究生教学层次。本系列教材既有针对本科低年级的动画概论、动画技法教材，也有针对本科高年级或研究生阶段的动画研究方法和动画文化理论。使其教学内容更加充实，同时深度上也有明显增加，力求培养本科低年级学生的动手能力和本科高年级及研究生的科研能力，适应目前不断发展的动画专业高层次教学要求。

内容前沿性——突出高层次制作、研究能力的培养。目前动画教材比较简略，多停留在技法培养和知识传授上，本系列教材力求在动画制作能力培养的基础上，突出对动画深层次理论的讨论，注重对许多前沿和专题问题的研究、展望，让学生及时抓住学科发展的脉络，引导他们对前沿问题展开自己的思考与探索。

教学实用性——实用于教与学。教材是根据教学大纲编写、供教学使用和要求学生掌握的学习工具，它不同于学术论著、技法介绍或操作手册。因此，教材的编写与出版，必须在体现学科特点与教学规律的基础上，根据不同教学对象和教学大纲的要求，结合相应的教学方式进行编写，确保实用于教与学。同时，除文字教材外，视听教材也是不可缺少的。本系列教材正是出于这些考虑，特别在一些教材后面附配套教学光盘，以方便教师备课和学生的自我学习。

适用广泛性——国内院校动画专业能够普遍使用。打破地域和学校局限，邀请国内不同地区具有代表性的动画院校专家学者或骨干教师参与编写本系列教材，力求最大限度地体现不同院校、不同教师的教学思想与方法，达到本系列动画教材学术观念的广泛性、互补性。

"百花齐放，百家争鸣"是我国文化事业发展的方针，本系列教材的推出，进一步充实和完善了当下动画教材建设的百花园，也必将推进动画学科的进一步发展。我们相信，只要学界与业界合力前进，力戒急功近利的浮躁心态，采取切实可行的措施，就能不断向中国动画产业输送合格的专业人才，保持中国动画产业的健康、可持续发展，最终实现动画"中国学派"的伟大复兴。

丛书主编：　　　　　　　　中国传媒大学新闻学院

天津理工大学艺术学院

前言

PREFACE

近年来，随着国家大力扶持新兴动漫游戏产业的发展，全国设置动画专业的高等院校或者新成立的动画院校已超过 200 所，催生了一股动画热，而三维动画专业是各大院校必修的专业或方向，大多数以开设学习 Maya 软件课程为主。

Maya 是目前国际上最先进的高端三维动画制作软件，拥有最先进的三维动画制作体系，能够方便快捷地创作出电影级别的视觉效果，有效地处理制片人提出的任何挑战。

当今，三维动画技术被广泛地应用在电影、游戏及一些虚拟现实的场景中，而建模技术的掌握和技巧的运用对一部动画影片来说显得更加重要，比如魔幻史诗巨片《指环王》系列中的咕噜、科幻电影《金刚》中的金刚、《阿凡达》中的纳威人等，均是三维模型制作的典范，我们在学习 Maya 软件功能的同时，还要涉及电影制作、美术设计、摄影、雕塑、二维动画等方面的知识，这样才能不断提高创作水平，将艺术和技术完美地融合。

《三维动画建模基础》主要针对三维动画模型技术进行全面讲解和实战。

本书是作者在多年教学实践中结合学生的学习实际逐步编写而成的，书中大部分例子都是课堂项目操作实例。该书共分为六章：第 1 章为计算机图形和 CG 动画电影简介，讲解计算机图形图像学基本知识、CG 动画电影生产流程等；第 2 章为 Maya 工作界面和基础操作，讲解 Maya 2011 的新特性、基本界面元素、视窗操作及工具应用等；第 3 章为 Polygon 多边形建模，讲解 Polygon 多边形建模简介、Polygon 多边形基本几何体、基础多边形创建工具、Edit Mesh 编辑多边形工具、Normals 多边形法线、手表制作实例、子弹头制作实例、瞭望塔制作实例、风蛇制作实例、甲壳虫汽车制作实例及人头制作实例等；第 4 章为 NURBS 曲面建模，讲解 NURBS 概述、NURBS 基本几何体、Edit Curves 编辑曲线、NURBS 成面工具、编辑 NURBS 曲面、奖杯制作实例、化妆品瓶制作实例、易拉罐制作实例、NURBS 老式电话制作实例及跑车座位制作实例等；

第 5 章为细分建模，讲解细分建模概述、细分原始物体的创建及细分物体的编辑方法等；第 6 章为国内外名家作品赏析，通过对优秀产品设计、人物设计、机器人设计、卡通角色及动画场景的实例分析来提高学生的鉴赏能力。

在成书的过程中，首先非常感谢我的妻子李惠娟的默默支持与鼓励，没有她无私的帮助，本书不可能顺利完成；其次感谢出版社的各位编辑为本书出版所付出的辛勤工作。由于编写时间和水平有限，书中难免有不足之处，敬请同行和读者朋友批判指正。

目 录

CONTENTS

第 1 章　计算机图形和 CG 动画电影简介

1.1　技术与艺术的辩证统一

　　艺术是讲究技巧和具有自己标准的，学习计算机图形首先要求在传统视觉艺术的绘制或在电影拍摄方面具有很强的艺术感觉。因此，掌握素描、摄影、绘画、雕塑、电影等方面的技巧是十分重要的。艺术家的工作不是讲究用什么材料或使用什么工具，而是自己能够完成一个高水平的原创作品并具有思想性。

　　我们学习 Maya 2011，并不局限于使用软件本身，而是获得了一种新的语言，一种新的沟通方式。对于 3D 工作来说，我们的工作目标在于了解自己能够完成什么工作，而不是软件能做什么。不要把课程变成如何让软件工作，而是应该学习如何使用软件。请记住：计算机只是一个工具，技术永远服务于艺术。

1.2　计算机图形

1.2.1　计算机图形的概念

　　CG，也称为 CGI，是 Computer Graphics Imagery（计算机图形）的缩写。计算机图形（CG）是指计算机辅助生成的单个图像或系列图像。通常情况下，CG 和 CGI 都是指 3D 图形，而不是由 2D 图形或绘画程序（比如 Photoshop 或 Painter）创建的图像。大多数 2D 图形软件是基于位图的，而所有 3D 软件都是基于矢量。位图软件以拼合像素的方法创建图像，逐个填充每个像素。矢量软件是从一个计算点或绘图点向另一个点创建一系列可计算指令。

　　需要指出的是，Adobe Illustrator 或 Macromedia Flash 这样的 2D 图形软件也是使用矢量的，但是 Maya 和其他 3D 图形工具所应用的是纵深计算方式，也就是在三维空间里定义物体，而不是在一个平面里进行绘制。这也使得 3D 工作者需要更高配置的计算机，还要付出大量的脑力劳动，而且与 2D 艺术是相当不同的。

1.2.2　光栅图像

　　光栅图像（与位图图像同义）是通过屏幕上的彩色像素或打印机上的点显示出来的，它是每个像素对应一个拼合点的组合。图像的分辨率（水平方向和垂直方向上每英寸具有的像素数量）大小直接决定了图片质量的高低，分辨率越高，文件尺寸越大，效果越好，但我们在 Maya 中创建的任何东西最终都是以光栅图像显示出来，即使它们是以矢量创建（图 1-1、图 1-2）。

　　由于光栅图像是基于固定尺寸的栅格，因此它们的放大效果并不好。用户观察光栅图像的距离越近，或是光栅图像被放大，像素的尺寸就会

图 1-1　原始尺寸的光栅图像

图 1-2 放大到 3 倍的光栅图像

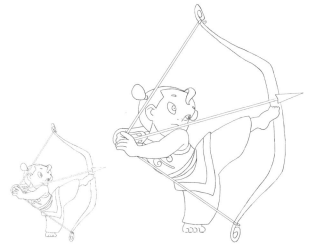

图 1-3 原始大小的　图 1-4 放大 200% 的矢量图像
矢量图像

越大，从而让图像显得好像是一块一块拼起来似的。为了得到较大的光栅图像，需要一开始就设置较高的分辨率。

既然有这个限制，那为什么还要使用光栅图像呢（比如 Painter 和 Photoshop）？答案在于图像是如何生成的。最常见的光栅显示是电视和计算机屏幕。实际上，光栅这个词就是指电视和计算机监视器的显示区域。这些设备里的电子器件本来就是通过在荧光屏上绘制红色、绿色、蓝色像素来显示图像的。因此，所有由计算机生成的图像必须是光栅图像，或是渲染后进行光栅化，这样才能进行显示。

1.2.3 矢量图像

矢量图像是运用数学算法和几何函数来定义其区域、体积和形状的。它完全不同于光栅图像创建方式。

保存矢量图像的文件包含点在空间中的坐标和方程式以及分配给点的颜色值。这些矢量信息通过渲染过程转换为光栅图像（被光栅化），从而使我们可以看到最终的图像和动画（比如 Illustrator 和 Flash）。矢量图像最大的优点就是进行放大而不失真，（图 1-3、图 1-4）。因为矢量文件进行编辑时，它的几何信息同时被矢量程序提供的工具

修改，十分适合于设计业，只有在确定编辑完成后，矢量文件才会被计算机渲染为新的光栅图像序列。

需要说明的是，矢量程序中的运动不是保存在图像文件序列里，而是改变几何体的位置和定义形状与体积的算法。举例来说，当 Flash 动画在站点上播放时，下载到用户计算机的信息是矢量形式，它包含所有动画角色和背景的位置、尺寸和形状信息。用户的计算机会实时地把这些信息渲染为光栅图像，从而显示在屏幕上。

然而在 Maya 中，矢量图像是以线框表示的，当用户完成场景之后，通过 Maya 渲染器把这些矢量信息转化为一系列光栅图像。

3D 坐标空间也称为笛卡尔坐标系统，是由 Rene Descartes 开发的，空间被分别定义为 X、Y、Z 轴，分别代表物体的宽度、高度和纵深。这三个轴构成了大量的栅格，其中特定的点以坐标参数表示为 X、Y、Z。

三个坐标轴的原点是（0、0、0），由这三个轴定义的 3D 空间被称为全局轴，其中的 X、Y、Z 轴是固定参考。全局空间里的轴总是固定的，在 Maya 中以透视窗口左下角的 X、Y、Z 轴图标表示。

由于物体在全局轴里能够面对任何方向，因此每个物体需要与全局轴独立自己的宽度轴、高度轴和纵深轴，这些轴被称为局部轴。局部轴在

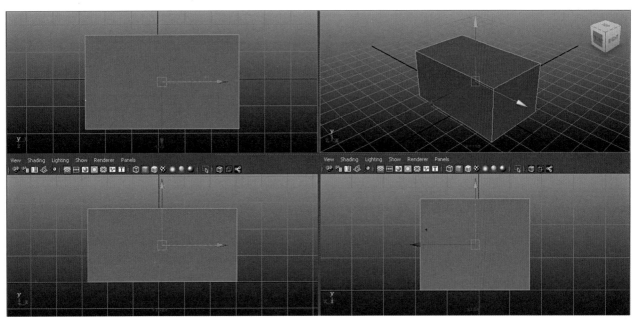

图 1-5　全局坐标和物体坐标

Maya 里是附加于物体的 X、Y、Z 坐标，当物体旋转或移动时，它的局部轴也会随之旋转或移动。一般全局轴设置物体移动和旋转的动画更容易（图 1-5）。

1.3　CG 动画电影生产流程

CG 动画产业继承了电影产业的流水线，在整部影片的制作中，生产流程包括了从最初的生产设计到最后的合成和剪辑，要做一个电影院级的大片，没有一个完整规范的流程和计划是不行的。

首先，要了解一下电影的生产流程：预处理、生产、后期制作。预处理阶段包括编写剧本和情节、制作服装和道具、演员排演、招聘工作人员、租用与装配设备等。在生产阶段，以最有效的次序拍摄场景。后期制作包括剪辑场景，添加音效、旁白、特技等。

虽然 CG 与电影的工作具有很大的差别，但这对于理解和创建 CG 的过程也是有帮助的。

1.3.1　前期准备

前期的计划主要包括故事剧本、设计和故事

板等几个环节，重要的还要考虑电影项目能不能准时在预算内完成。这就意味着影片需要一个很好的创意情节、收集所有能用得上的资料、进行运动测试、绘制布局、绘制模型草图。

（1）人员上的准备

所有的这些都基于艺术家的创作，整部电影的质量好坏和艺术家的能力息息相关。构建一个成功的工作流程最重要、最困难的部分就是找到合适的艺术家，而导演就是整部影片最重要的艺术家。首先，导演拿到剧本就进入了规划和设想阶段，这个阶段主要是提炼出故事的主角和配角，由二维部门制作原画，由雕塑部门制作简单的模型。原稿通过以后，还要对人物和场景进行细化，以便交给建模部门制作。规划中最重要的就是二维部门要根据导演的思路制作故事板，这个故事板可以是很简单的线条画，它的主要作用就是统一众多艺术家的制作方向，并为导演估计整个影片制作完成所需时间作大体依据。

（2）生产准备

初步的规划出炉以后，二维部门就开始制作完整的故事板并具体设计人物、道具和场景的原画，包括各个细节的设计和最终的颜色定稿。与此同时，PPS 部门会为整个电影的制作过程制定详细的时间表。在正式制作之前的过程中涉及很多的部门，包括模型组、材质组、设置组、动画组、灯光组、特效组、合成组、渲染组和技术支持组等部门，这些部门之间的相互依赖关系使得没有一个部门可以离开其他的部门真空操作，例如：建模师制作模型的方式将决定材质部分贴图时的难易程度；制作骨骼的艺术家就必须和动画师紧密结合，这样才能做出动作逼真且易于操作的设置；灯光也会影响材质纹理的效果；影片渲染的方式也会影响合成的流畅程度等。

首先，我们了解一下各个部门的含义：

二维设计：根据故事情节绘制出设计稿（图 1-6、图 1-7）。

故事板：按照故事脚本画出分镜头（图 1-8、图 1-9）。

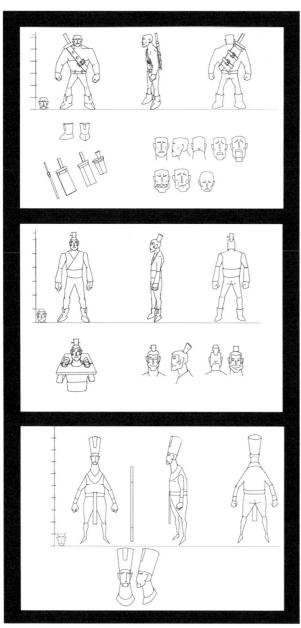

图 1-6　设计稿一

图 1-7　设计稿二

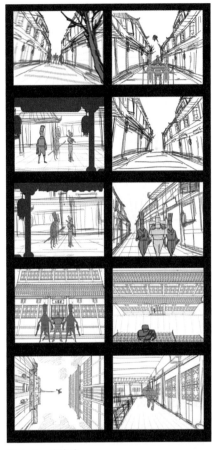

图 1-8　分镜头一

图 1-9　分镜头二

图 1-10　雕塑

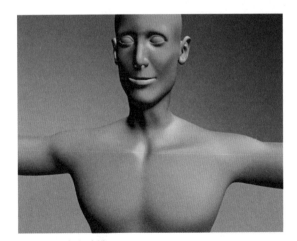

图 1-11　角色建模

图 1-12　场景

　　雕塑：依据二维设计原画，做出真实的雕塑模型（图 1-10）。

　　角色建模：依据二维设计原画，并参照雕塑模型，在计算机中建造人物角色（图 1-11）。

　　场景道具：分为场景模型和道具模型，按照设计稿创建环境场景和道具物体（图 1-12）。

　　骨骼设置：给模型加上骨骼，让它们可以正常运动（图 1-13、图 1-14）。

动画师：动画师是整个动画片的灵魂，负责让模型活起来，即赋予它们表情和动作（图1-15、图1-16）。

材质和灯光组：赋予场景道具角色材质，并配上合适的灯光，渲染气氛（图1-17、图1-18）。

特效：打造出意想不到的效果，符合导演的视觉要求（图1-19）。

编辑：电影生产流程的最后一道工序，可以看到一个完整的影片效果（图1-20）。

图1-13　建模

图1-14　骨骼绑定

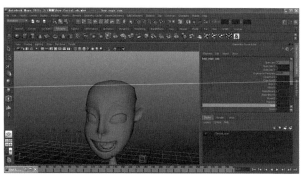

图1-15　表情动画

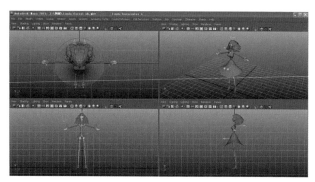

图1-16　骨骼设定

图1-17　灯光

图1-18　场景与灯光

图 1-19　合成

图 1-20　输出

1.3.2　影片制作

二维部门设定好的场景、道具、角色全部交给模型组，模型组具体分成角色建模和场景道具两个组。模型合格以后，看场景模型和道具模型是否需要进行设置，如果需要就送去设置组进行设置。角色模型做好之后就要交给骨骼设置组进行绑定，然后再给角色做面部表情，如果是主要角色，需要模型组依据角色肌肉走向做出更多的面部表情。特效小组需要给模型添上布料和毛发并进行测试。模型做出来后统一交给材质组，要给每个模型分 UV，画材质贴图。

1.3.3　后期制作

后期制作，简单的理解就是把分层渲染的素材进行合成，它是将多个图像合并到一个场景中的艺术。这里面需要对影片进行剪辑，添加音效、特技等。

常见的后期合成软件有 Discreet 公司的 Combustion，Adobe 公司的 Premiere、After Effect 和 Nothing Real 公司的 Shake 等。

1.4　基本的动画电影概念

除了在镜头构图里需要使用的设计概念外，我们还需要理解其他一些动画电影制作的概念。

1.4.1　生产计划

理解电影制作人员使用的范例可以帮助我们更好地计划、创建和管理自己的影片。大多数叙述性影片被划分为多个幕，每一个幕由系列场景组成，而每个场景由多个镜头组成。

叙述性电影一般被划分为三幕。第一幕建立主要角色和故事的冲突与斗争；第二幕包含故事的主要部分，也就是正面角色努力征服冲突的过程；第三幕结束影片，解决故事中的矛盾，并且结束其他一切情节。

幕可以被分割为片断，是多组结合在特定剧情和叙事点周围的连续场景。

场景是影片的组成部分，也就是故事中的特定角色在特定地点和时间出现。影片出于进行组织的目的而根据发生的时间和地点划分场景。电影里的场景与 CG 术语中的场景不同，是两个不同的概念，后者是指 3D 文件里构成 CG 的元素。

场景再被划分为镜头，这是指特定的摄像机角度，或是指构图。镜头由摄像机的视角或 POV（视点）定义，摄像机的视角改变，镜头就会改变。

1.4.2　照明

没有光线就不能在胶片上摄制任何东西。对场景的照明会影响画面的对比度、颜色平衡与整体影片效果。一般情况下常采用好莱坞的三点光照法。

（1）主光

主光是场景的主要照明，负责产生场景中的阴影，通常放置在场景前方和摄像机后方的一侧。

（2）辅助光

辅助光是照亮场景中其他部分的主要光源，通常没有主光亮，辅助灯的阴影投射要较柔和，这样有助于柔化主光产生的生硬阴影，最终为主光的照明提供更好的效果。通常情况下，辅助光与主光成90度的角度，辅助光的高度与主光保持一致。

（3）背景光

背景光也称为轮廓光，主要是在对象的边缘产生光晕或轮廓线，生成明显的边界，与背景区分开来。与主光和辅助光相比，背景光的强度更弱。一般放置在对象的后边，通常与主题成锐角，即很小的角度。若放置太高或太低，将会在对象的面部产生很重的阴影，即"溢色"，效果将非常难看。

1.4.3　基本动画概念

1. 帧、关键帧、中间帧

动画的每个画面，或是CG中每个渲染的图像，被称为一帧。帧还指动画里的时间单位，它的准确时间长度取决于动画平稳播放时的速度（帧速率），比如帧速率为24fps时，一帧的长度是1/24秒。在NTSC视频速率（24fps）下，一帧的长度是1/30秒。

关键帧是动画师为角色（或其他动画物体）创建姿势的关键画面，即关键动作，相当于二维动画中的原画。在CG术语中，关键帧是保存姿势、位置或其他类似值的时机。当物体从一个关键帧到达或改变为另一个关键帧时，动画效果就产生了。

在CG里几乎可以为物体的任何特性设置关键帧——它的颜色、位置、尺寸等，两个关键帧之间自动生成的画面称之为中间帧，相当于二维动画中的中间画。

2. 重量

动画里的重量是质量的感觉。物体的运动以及其他物体的反应需要转化为重量的感觉，否则动画就会显得很不真实。

物体在场景中表现的重量依赖于它被着色的方式，画面中的对比度、形状和位置以及周围的负空间，它极大地影响着动画角色的逼真性，作为动画设计人员，必须考虑重量在动画中的暗含作用。

3. 挤压和拉伸

挤压和拉伸是用来夸张表现非刚性物体变形的，它通常都有喜剧性的效果。三维的挤压和拉伸可以通过很多技术来实现：皮肤和肌肉、弹力、直接晶体变形器。同样，也可通过一些实验性的途径，比如重量设置来实现，特别是在进行动态模拟和IK系统设置时。

4. 夸张

夸张通常能帮助动画角色传达出动作的本质，可以通过挤压和伸展来实现很多夸张的效果，在三维动画中，我们可以运用程序技术、运动范围调节和脚本来实现动作的夸张。一个动作的表现强度不仅能通过表演来增强，也可以通过电影技术和剪辑技术来增强。

5. 圆弧运动

圆弧运动有助于使动画角色的动作显得更加自然，因为大部分的生物从来都不会以绝对的直线轨迹运动，而是以圆弧的轨迹来运动。非圆弧运动会呈现出机械的、受到限制的或是一种压迫性的危险效果。在三维动画中，我们可以使用Maya来约束所有的或是部分的动作都以圆弧方式实现，甚至是在动作捕捉的情况下，动作不是很平滑时，也可以使用曲线编辑器来进行精确的调整。

6. 慢入和慢出

真实的物体是不会突然停止运动的，所有物体在停止之前都会先降低速度，这个过程被称为"慢出"。相对应的物体也不会突然开始运动，大多数物体在到达全速之前都有一个加速过程，这就是"慢入"。

7. 后续动作和预备动作

有时候需要在动画里夸张物体的重量。物体在结束动作时会有某种形式的后续动作，比如跳跃角色的披风在角色落地且停止移动后还会继续移动一点，这类似于体操运动员的运动，在落地时，他们的膝盖和腰部会产生一些弯曲以保持落地的稳定。

类似地，用户可以在角色或运动开始移动之前创建一点移动。这是预备动作时角色或物体在移动之前紧张起来的一种呈现，就像弹簧在弹起之前要压缩一样。

8. 角色性格

角色的性格从动画制作一开始便具有促进角色和观众之间情感交流的作用。必须仔细地推敲角色，赋予它们有趣的性格，它们的行为或动作必须有清楚的欲望或者需要来驱使。复杂性和连贯性是角色的两个表现元素，在三维动画中，这两个元素都很容易实现。

9. 面部动画控制

绝大部分的想法和情感都是通过角色的脸来实现的。如今三维动画提供了比以往要多得多的面部动画控制，包括眼睑和眼球的微调节。建立起面部口型动画的分类目录，以便能够重复使用，提高效率，这一点如同建立行走循环一样重要。

1.5　模型在电影中的应用

近年来，三维模型制作技术在三维动画电影中应用得越来越成熟。1995 年美国导演约翰·拉塞特执导的三维动画电影《玩具总动员》，开创了动画的新纪元，也使得皮克斯动画工作室成为三维动画制作的圣殿。采用三维动画软件 Maya 制作的魔幻史诗巨片《指环王》系列中的咕噜、科幻电影《金刚》中的金刚、《纳尼亚传奇》中的狮子阿斯兰、《黄金罗盘》中的北极熊、《阿凡达》中的纳威人等，都是三维模型制作的经典范例（图 1-21）。

模型的制作虽然需要根据电影的风格而定，但无论是写实还是卡通，其制作的技巧和原理都是一样，造型的准确及布线的合理性，还有制作人员的美术造型能力等都是制作电影级别模型的关键。

图 1-21　《阿凡达》中纳威人的三维模型

第 2 章　Maya 工作界面和基础操作

2.1　了解 Maya 2011

　　Autodesk　Maya　2011 使用 Quantum Toolkit 设计了全新的用户界面，用户界面具备可自由浮动的编辑窗口及柔和的界面颜色等（图 2-1）。本版软件不仅改变了用户界面，在很多功能上也给用户带来了不小的惊喜，能帮助用户更加便捷高效地创造产品。

2.1.1　视频教学功能

　　当初次运行 Maya 时，为了让用户快速了解软件的基本操作，Maya 提供的七种基本功能的视频教程界面会自动展开（图 2-2），单击每一个按钮都会自动播放其视频教程（图 2-3）。

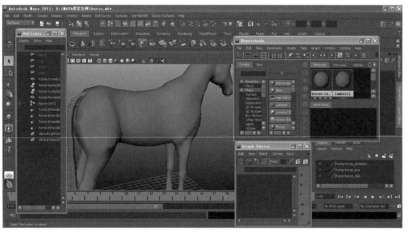

图 2-1　Maya 2011 的全新界面

图 2-2　Maya 视频教学界面

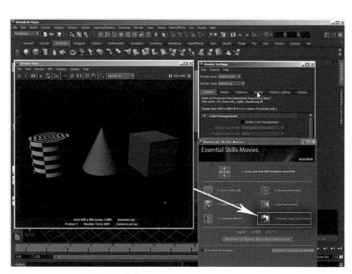

图 2-3　Maya 视频教学内容

2.1.2　新增功能

Autodesk 公司在 Maya 2011 中进行了各种功能、操作及界面上的更新，最大的更新是界面采用了 QT 化技术，这对 C++ 和 Python 用户而言是个非常好的消息。无论从界面的架构还是从颜色及图标上看，Maya 2011 都更具备了高端软件的风范。

1．界面与全局设置

Maya 2011 对界面进行了重新构架，可以根据自己的喜好进行面板的制定与设置，包括工具架、通道栏、时间条、帮助栏等，可以进行自由拖拽和放置。对一些编辑器窗口的颜色和图标也进行了全新的更改，属性面板也可以直接从界面上拖拽出来，不用再像以前的版本一样进行复杂的设置（图 2-4）。

2．模型创建新功能

Maya 2011 在模型制作方面也增加了几项新的功能：在创建曲线的方式上添加了贝塞尔曲线工具；多边形模块加入了可以任意调整元素间边界过渡方式的工具；在软选择功能上增加了群组模型软选择属性（图 2-5），同时增加了一些编辑工具。

2.2　Maya 基本界面元素

Maya 2011 为用户提供了一个非常优化的操作界面，并且根据动画制作的流程把整个软件分成七大模块，各个模块都包含了对应的菜单命令和工具（图 2-6）。

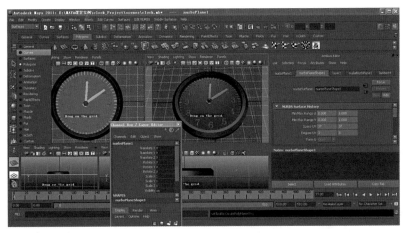

图 2-4　拖拽界面

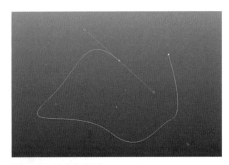

图 2-5　贝塞尔曲线

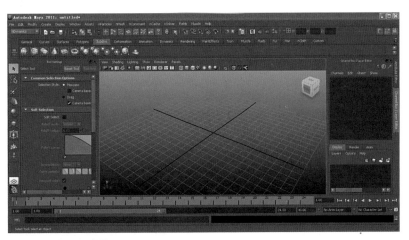

图 2-6　Maya 标准界面

具体的七大模块：① Animation（动画）模块；② Polygons（多边形）模块；③ Surfaces（曲面）模块；④ Dynamics（动力学）模块；⑤ Rendering（渲染）模块；⑥ Cloth（布料）模块；⑦ Live（追踪）模块。

2.2.1 主菜单栏

在菜单中，除了 File（文件）、Edit（编辑）、Modify（修改）、Create（创建）、Display（显示）、Window（窗口）、Assets（资源）及 Help（帮助）等几个公共菜单之外，Maya 还组合了七个模块的菜单，每个模块独立对应一组菜单，我们可根据需要在 Status Line（状态栏）中进行模块的切换（图 2-7）。

图 2-7　菜单栏

图 2-8　状态栏

图 2-9　工具架

2.2.2 状态栏

Status Line（状态栏）中集成了建模、动画、渲染等许多项目（图 2-8）。

2.2.3 工具架

Shelf（工具架）是 Maya 中的常用工具和命令的集合，以快捷图标形式显示，让操作更加直观化，可以很大程度上提高动画制作速度。我们可以根据个人习惯来制定自己的工具架（图 2-9）。

2.2.4 工具盒

Tool Box（工具盒）中包含了 Maya 常用的工具以及视图控制按钮（图 2-10）。

2.2.5 视图区

Maya 在默认状态下分为 Top（顶视图）、Front（前视图）、Side（侧视图）、Perspective（透视图）四个视图，当然，我们可以根据实际需要来调整自己的视窗（图 2-11）。

2.2.6 通道盒

Channel Box（通道盒）是 Maya 所独有，其他的三维软件都不具备这个功能，它可以直接

图 2-10　工具盒

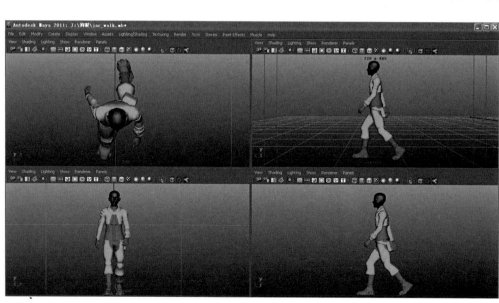

图 2-11　四视图

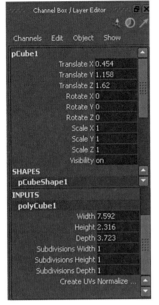

图 2-12　通道盒

图 2-13　层编辑器

查看和编辑物体的构成元素，还可以直接激活 Maya 的多项编辑器，避免从菜单中提取编辑的麻烦（图 2-12）。

2.2.7　层编辑器

Layer Editor（层编辑器）为 Maya 的操作提供了一个新的编辑空间，它可以把场景中某个物体或多个物体导入层中，对它们进行单独的显示、隐藏或以模块形式显示，另外，还可以对它们进行单独渲染（图 2-13）。

2.2.8　动画控制栏

动画控制栏包括 Time Slider（时间滑块）与 Range Slider（范围滑块）。它们主要用于动画播放控制、动画时间的限定及动画中关键帧的设置（图 2-14）。

2.2.9　脚本编辑栏

Command Line（脚本编辑器）分为命令输入栏和信息反馈栏两部分（图 2-15）。

2.2.10　帮助栏

Help Line（帮助栏）位于主界面的最下端，我们可以从中查询软件的描述、介绍及说明（图 2-16）。

2.3　视窗操作

Maya 的视窗包含观察区和视窗菜单两部分。

1．用鼠标控制视窗变化

用鼠标配合 Alt 键可以推拉、平移及旋转视窗。

具体操作：Alt+ 鼠标右键表示推拉视图

　　　　　　Alt+ 鼠标中键表示平移视图

　　　　　　Alt+ 鼠标左键表示旋转视图

2．观察菜单

视窗中的菜单包含了控制视窗中物体显示状态和控制视窗分布状态的一系列命令（图 2-17）。

3．光影菜单

通过光影菜单中的命令可以对视窗中物体的显示状态进行控制，光影菜单（图 2-18），线框模式（图 2-19），点状模式（图 2-20）。

4．灯光菜单

灯光菜单是用来控制视图中灯光的状态（图 2-21）。

图 2-14　时间滑块

图 2-15　命令行

图 2-16　帮助栏

图 2-17　视窗菜单

图 2-18　光影菜单

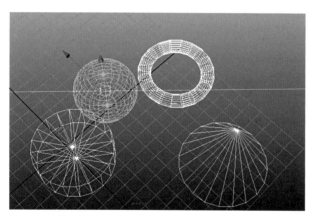

图 2-19　线框显示

图 2-20　点状模式

5.显示菜单

在创建复杂的场景模型时，为了提高电脑的显示效率，也为了在具有众多模型的场景中确定工作的重点，往往需要将工作对象从纷乱的场景中隔离出来，在视窗中可以通过调用视窗菜单中的显示命令来实现（图 2-22）。

6.渲染菜单

渲染菜单可以设置默认渲染显示和高质量渲染显示等（图 2-23）。

7.面板菜单

通过面板菜单可以控制视窗的分布状态以及视窗中显示的面板的类型。针对不同的工作目的，可以设置相应适合于这个工作的窗口分布方式和面板类型，也充分体现了 Maya 操作界面的人性化管理（图 2-24）。

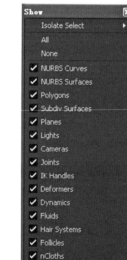

图 2-22　显示菜单

图 2-21　灯光菜单

图 2-23　渲染菜单

图 2-24　面板菜单

2.4　工具应用

Maya 工具架中，常用移动、旋转、缩放等空间变换工具来对物体或物体上的点、边和面等子元素进行编辑。

1. 选择工具

选择工具只能选择到物体，不能对物体进行移动等空间变换。如果要选择多个物体，可以利用 Shift 键进行复选，快捷键为"Q"（图 2-25）。

2. 移动工具

移动工具具有选择和移动物体或物体的子元素的作用，其快捷键为"W"（图 2-26）。

3. 旋转工具

旋转工具用于对物体进行旋转操作，其快捷键为"E"（图 2-27）。

4. 缩放工具

缩放工具就是改变物体的大小，可以进行等比例和非等比例缩放（图 2-28）。

5. 柔性修改工具

柔性修改工具就是对物体表面的点以衰减影响的方式进行编辑（图 2-29）。

6. 变形工具

对物体进行任何方向的拉伸、缩放、旋转等变形（图 2-30）。

7. 显示操作手柄工具

显示操作手柄工具的快捷键为"T"（图 2-31）。

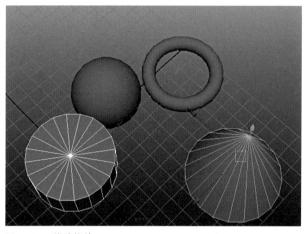

图 2-26　移动物体

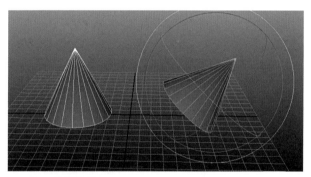

图 2-27　旋转物体

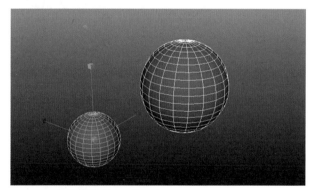

图 2-28　缩放物体

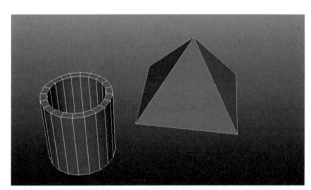

图 2-25　选择物体

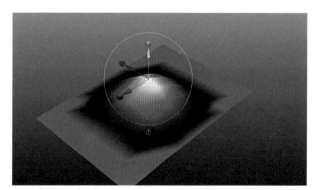

图 2-29　柔性修改物体

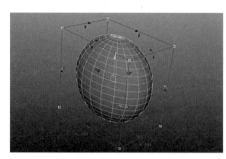

图 2-30 变形物体

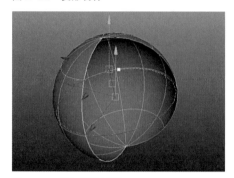

图 2-31 显示操作手柄

2.5 常用的物体编辑方法和管理手段

1. 归位物体轴心点

归位物体轴心点，顾名思义，就是将物体的轴心点位置移到物体的中心，通常利用菜单命令 Modify → Center Pivot 来快速实现（图 2-32）。

2. 冻结变换参数

当对物体进行移动、旋转、缩放等变换操作时，通道盒中的变换参数的数值就不再是 0 或 1 的默认状态了。往往我们在制作动画效果时需要物体的各个参数为默认状态，此时需要冻结物体的变换参数，即归零现象。通过执行菜单命令 Modify → Freeze Transformation 进行冻结操作，这样，这个新的位置就成为物体的起始位置了（图 2-33）。

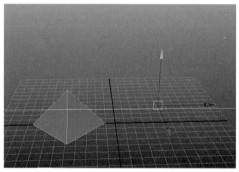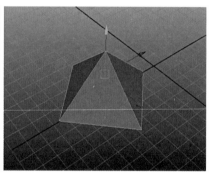

图 2-32 归位物体轴心点

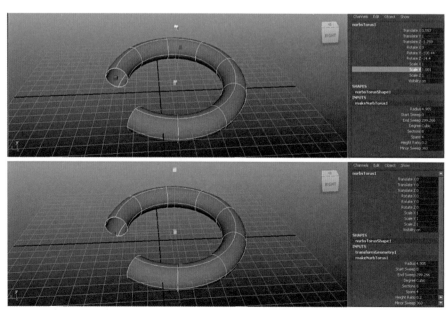

图 2-33 冻结物体参数

3. 清除历史记录

当对一个物体进行反复操作时，会留下大量的历史操作记录，这时如不及时进行清除，就有可能降低建模的速度，而且对某些工具的使用还会带来不可预料的错误。所以，在建模的时候，每隔一段时间，如果确定物体上带有的历史信息不会再使用时，可以将物体上的历史记录及时清除。

具体方法：选择物体，执行菜单命令 Edit → Delete by Type → History 将物体上的历史记录清除（图 2-34）。

4. 打组管理

如果创建的模型比较复杂或者场景中的物体比较多时，可以执行 Edit → Group 进行成组来管理物体，快捷键是"Ctrl+G"（图 2-35）。

5. 创建父子级物体

如果要让一个物体在进行移动、旋转等变换操作时带动另一个物体进行同样的运动，就需要在这两个物体间建立父子级的管理关系。带动别的物体产生运动的物体为父物体，被带动的物体为子物体。父物体可以控制子物体的运动，而子物体不能左右父物体的运动。具体方法：先选择要成为子物体的物体，按住 Shift 键，再选择要成为父物体的物体，执行菜单命令 Edit → Parent 即可，快捷键是"P"，如果要取消创建的父子级关系，

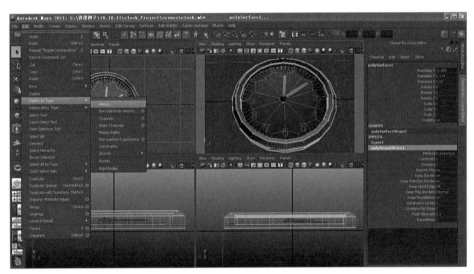

图 2-34　清除历史记录

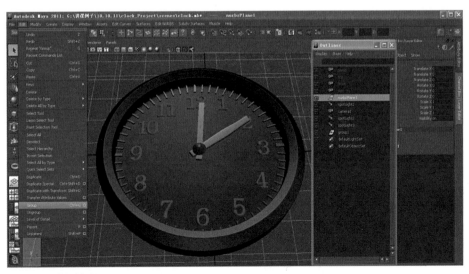

图 2-35　成组管理

可以执行 Edit → Unparent，快捷键是"Shift+P"（图 2-36）。

6．项目管理规范

（1）制定统一规范的命名标准和存放地点。在每做一个项目时都要建立一个 Project（项目文件），这样 Maya 就会自动地管理项目的文件（图 2-37）。

（2）统一命名文件，包括模型、纹理、灯光、骨骼和特效等所有被调用的文件中的对象，并且命名要合理、准确。

（3）由于 Maya 没有定时储存的功能，所以要养成及时保存的习惯。

（4）学会用一些简单的mel命令和Script语言，常常会达到事半功倍的效果。

（5）负责整理文件的 TD 部门要对场景中的物体分层或者建立选择集。

（6）每个小组要及时把每一天的工作进行总结，为下一个环节做好接收准备。

2.6 实时训练题

1．熟悉掌握界面元素。

2．熟练掌握工具的使用。

3．新建一个项目文件，进行规范化管理与操作。

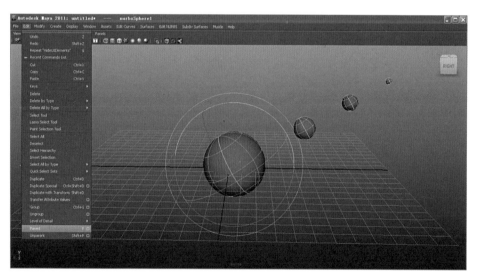

图 2-36　创建父子关系

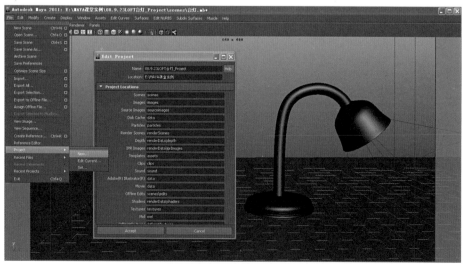

图 2-37　规范项目

第 3 章　Polygon 多边形建模

3.1　Polygon 多边形建模简介

多边形建模是 Maya 中非常强大的一个自成体系的建模工具，拥有一套完善的建模和贴图系统，也是目前比较流行的建模方法，是初学者比较容易掌握的一种建模方式，在赚钱和市场前景较好的游戏业，也是主要采用多边形建模技术，比如游戏场景和人物都是用精简的多边形模型创建的（图 3-1、图 3-2）。

此外，在实际生产制作中，Maya 多边形建模常和 Zbrush 软件结合使用，使其模型更加真实。

3.1.1　多边形模型的构成元素

Ploygon 建模又称多边形建模。所谓多边形，是指一组有序顶点和顶点之间的边构成的 N 边形，一个多边形物体是面的集合。可以通过对多边形物体上的点、边、面进行三维空间的修改、雕刻来达到塑造形体的目的，使用 Mesh 和 Edit Mesh 菜单中的命令来创建、编辑、添加纹理和微调多边形模型。

1.Vertex（顶点）

Vertex（顶点）是三维空间的点，是构成多边形对象的最基本的元素，多边形的每个顶点都有一个 ID 序号，每一个顶点的序号都是唯一的。选中物体，执行 Display → Ploygons → Component IDs → Vertices 命令可以显示物体的顶点的 ID（图 3-3）。

2.Edge（边）

多边形的边是由两个有序顶点定义而成的。顶点与顶点之间的线段就是 Edge（边）。这里面的线段，由于是直线段，所以，在显示的时候，多

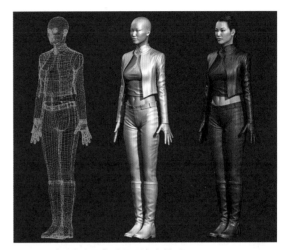

图 3-1　《黑客帝国》动画版角色模型

图 3-2　《阿凡达》中纳威人的三维模型

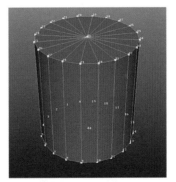

图 3-3　多边形的顶点 ID 序号

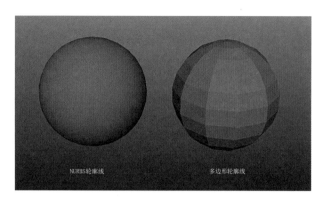

图 3-4　多边形与 NURBS 轮廓线对比

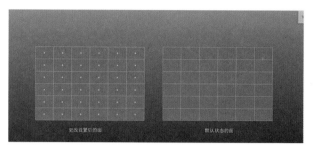

图 3-5　显示面中心点

边形的外轮廓线不像 NURBS 模型表面那样是光滑的曲线（图 3-4）。

3.Face（面）

多边形面是由多个多边形顶点定义而成的。旧版本的 Maya 软件中，在每个面的中心都有一个点，新版本的 Maya 需要更改设置才能显示出来（图 3-5）。

在默认状态下，单击面中的任意位置就可以选中面。执行 Window → Settings → Preferences → Selection Preferences（选择设置）菜单命令，显示面中心点的参数设置（图 3-6）。

图 3-6　显示面中心点设置

4.Normals（多边形的法线）

法线本身并不存在，它是为了描述多边形表面而假定的一条理论线，总是垂直于多边形的面。

法线分 Face Normals（面法线）和 Vertex Normals（点法线）两种（图 3-7）。

通过执行 Display → Ploygons → Face Normals（面法线）或 Vertex Normals（点法线）菜单命令可以显示或隐藏法线。

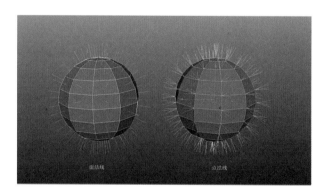

图 3-7　面法线与点法线

5.UVs（多边形 UV 点）

多边形 UVs 是多边形上的点，用于对面映射纹理，通过设置 UVs，可以在多边形上放置纹理（图 3-8）。

6.Shells（多边形外壳）

多边形物体可以由一个或多个外壳构成。

3.1.2　多边形建模原则

多边形建模时要遵循一定的原则，否则会在

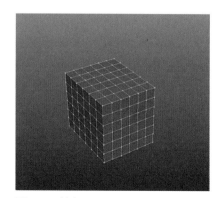

图 3-8　创建 UV

后续的制作过程中产生返工的麻烦。

1.Planar 和 Non-Planar Polygons（平面多边形和非平面多边形）

平面多边形是指所有顶点都位于同一个平面上（即共面）的多边形，如三个顶点的多边形。如果多边形上有三个以上的顶点，那么这样的多边形就是非平面多边形，并且这些顶点不在同一个表面上。在创建多边形时，要尽量保持在一个平面上，不要产生过大的弯曲变形，因为非平面多边形可能会在渲染时带来闪动等问题。

2.有效和无效的多边形几何体

在 Maya 中，有效的多边形几何体可具有"规则"拓扑或"不规则"拓扑。一个边或一个顶点不是有效的几何体。可以使用 Polygons → Clean up 命令自动把不规则几何体转变为规则几何体。

3.尽量避免 N 边形

四边形是多边形建模中最适合的多边形，三角形在必要时也可以使用，但是要尽量避免使用超过四条边的多边形。N 边形在平滑时会出现撕裂的形状，在渲染时经常会造成纹理扭曲等问题。

3.2　Polygon 多边形基本几何体

在 Maya2011 的多边形物体列表中提供了 12 个原始物体：Sphere（球体）、Cube（立方体）、Cylinder（圆柱体）、Cone（圆锥体）、Plane（平面）、Torus（圆环体）、Prism（棱柱）、Pyramid（棱锥）、Pipe（管状体）、IIelix（螺旋体）、Soccer Ball（足球）、Platonic Solids（多面实体）（图 3-9、图 3-10）。这些基本的几何体都可以通过菜单栏 Create → Polygon Primitivs 中包含的命令来创建，也可以在多边形物体的工具架上点击原始物体的创建按钮来快速地创建物体。

1.Sphere（球体）

球体创建属性面板（图 3-11）。

参数：

Radius：球半径。

Axis Divisions：水平分割段数。

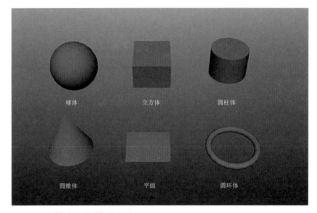

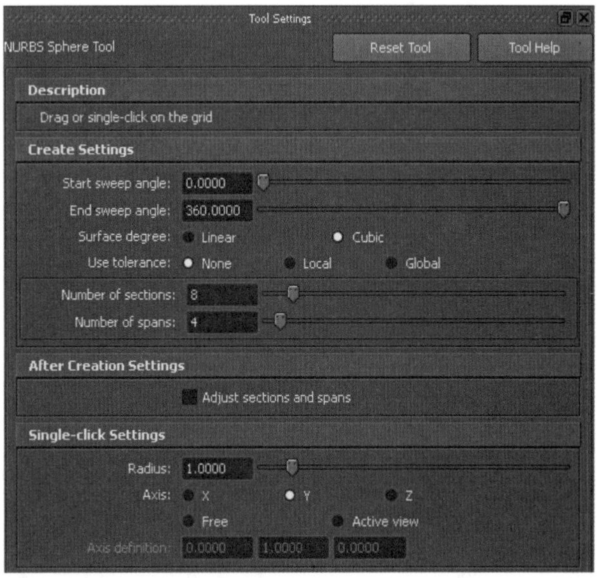

图 3-9　基本几何体（一）

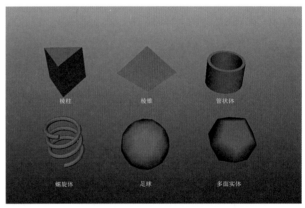

图 3-10　基本几何体（二）

图 3-11　球体创建属性面板

Height Divisions：垂直分割段数。

球体的分段数设置（图3-12）。

2.Cube（立方体）

立方体创建属性面板（图3-13）。

参数：

Width：宽度

Height：高度

Depth：深度

Width Divisions：宽度的面分段数

Height Divisions：高度的面分段数

Depth Divisions：深度的面分段数

立方体的分段数设置（图3-14）。

3.Cylinder（圆柱体）

圆柱体创建属性面板（图3-15）。

参数：

Radius：底面半径

Height：高度

Axis Divisions：水平分割段数

Height Divisions：垂直分割段数

Cap Divisions：顶面同心分割段数（图3-16）。

Round Cap：勾选此项，生成的圆柱体盖是圆形的（图3-17）。

4.Cone（圆锥体）

圆锥体创建属性面板（图3-18）。

参数：

Radius：底面半径

Height：高度

Axis Divisions：水平分割段数

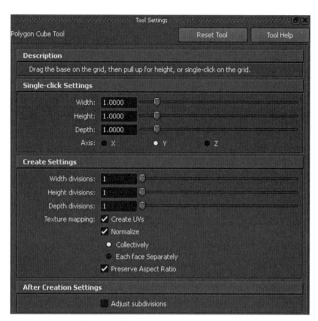

图3-13　立方体创建属性面板

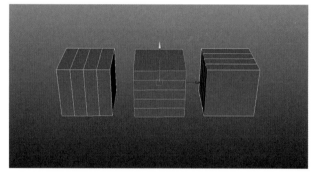

图3-14　立方体分段数

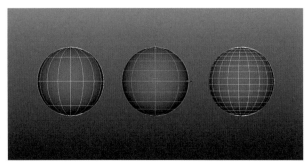

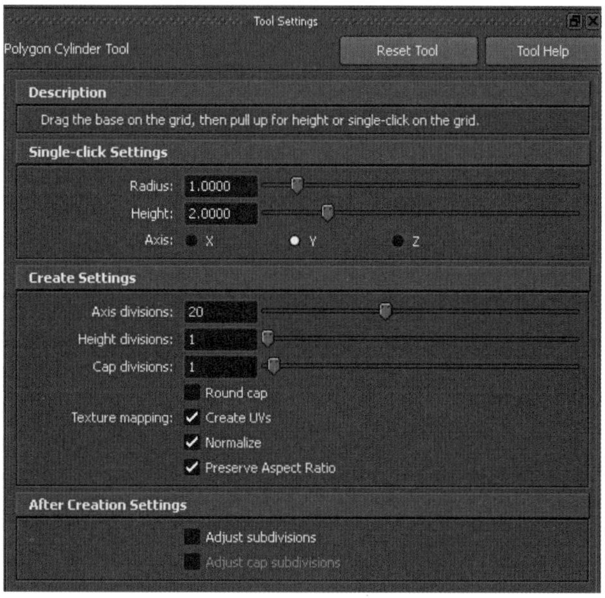

图3-12　球体分段数

图3-15　圆柱体创建属性面板

Height Divisions：垂直分割段数

Cap Divisions：顶面同心分割段数

5.Plane（平面）

平面创建属性面板（图 3-19）。

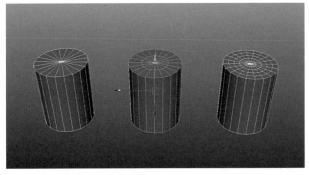

图 3-16　圆柱体顶面的分段数

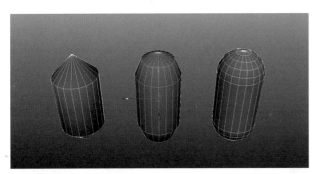

图 3-17　圆柱体圆形盖

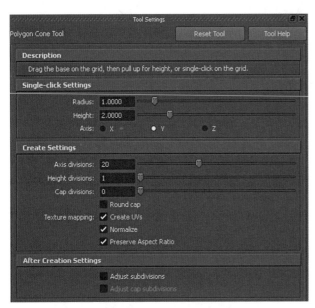

图 3-18　圆锥体创建属性面板

参数：

Width：宽度

Height：高度

Width Divisions：水平分割段数

Height Divisions：垂直分割段数

6.Torus（圆环体）

圆环体创建属性面板（图 3-20）。

参数：

Radius：底面半径

Section Radius：截面半径

Twist：在截面圆上的旋转度数，它不会改变圆环体的外形。

Axis Divisions：水平分割段数

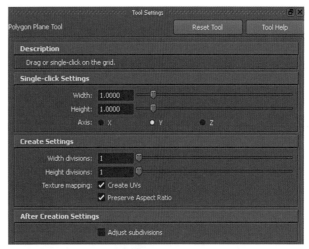

图 3-19　平面创建属性面板

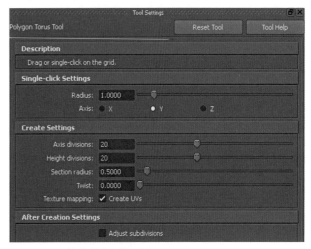

图 3-20　圆环体创建属性面板

Height Divisions：垂直分割段数

圆环体的分段数设置（图3-21）。

7.Prism（棱柱）

棱柱创建属性面板（图3-22）。

参数：

Length：长度

Side Length：边长

Number of Sides in Base：边的数量（图3-23）

Cap Divisions：盖的分段数

8.Pyramid（棱锥）

棱锥又称金字塔，是一个以多边形为基础和多个有共同顶点的三角形共同构成的多面体，创建属性面板（图3-24）。

参数：

Side Length：边长

Number of Sides in Base：边的数量（图3-25）。

9.Pipe（管状体）

管状体创建属性面板（图3-26）。

参数

Radius：底面半径

Height：高度

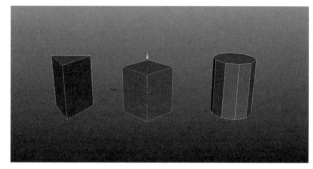

图 3-23 棱柱边的数量

图 3-21 圆环体的分段数设置

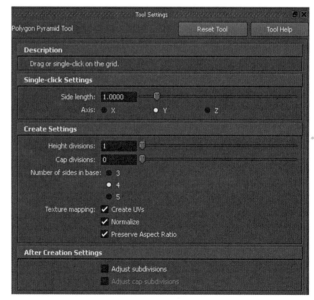

图 3-24 棱锥创建属性面板

图 3-22 棱柱创建属性面板

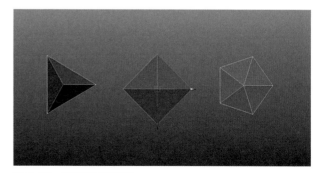

图 3-25 棱锥的三种类型

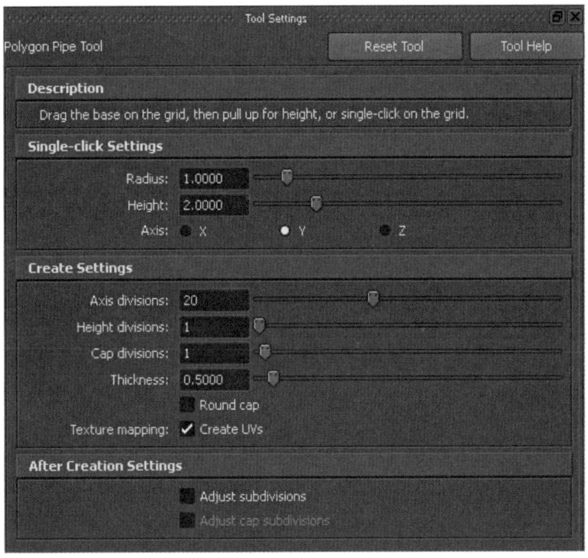

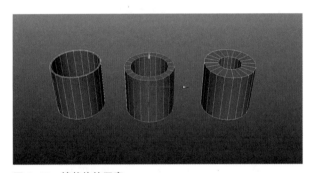

图 3-26　管状体创建属性面板

图 3-27　管状体的厚度

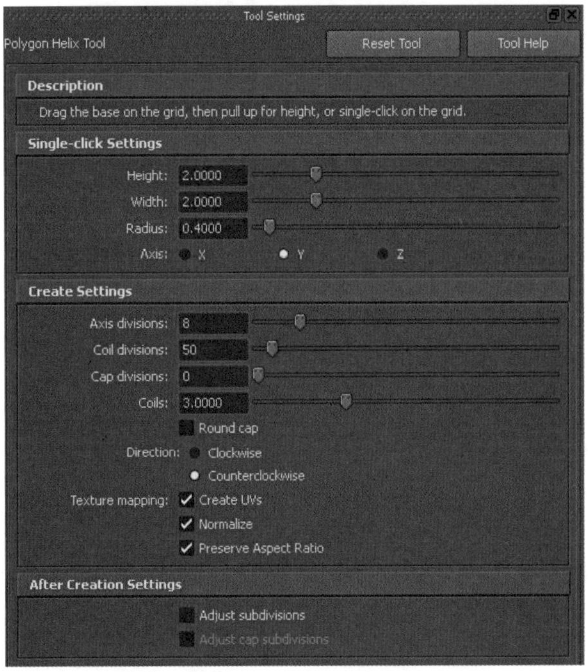

图 3-28　螺旋体创建属性面板

Thickness：厚度（图 3-27）

Axis Divisions：水平分割段数

Height Divisions：垂直分割段数

Cap Divisions：顶面同心分割段数

10. Helix（螺旋体）

螺旋体创建属性面板（图 3-28）。

参数：

Coils：线圈（图 3-29）

Width：宽度

Height：高度

Radius：半径

Axis Divisions：水平分割段数

Coil Divisions：卷曲方向细分段数

Coils：顶盖细分

Round Cap：勾选此项，可以生成圆形顶盖

Direction：螺旋体的旋转方向

11. Soccer Ball（足球）

足球创建属性面板如图 3-30 所示，效果如图 3-31 所示。

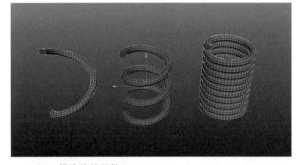

图 3-29　螺旋体的圈数

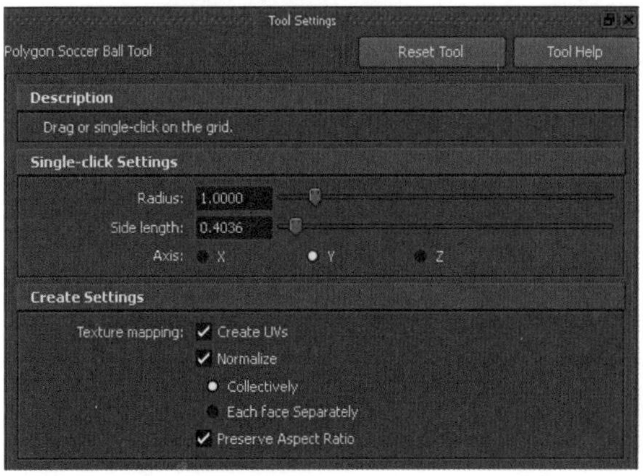

图 3-30　足球创建属性面板

参数：

Radius：半径

Side Length：边长

12.Platonic Solids（多面实体）

多面实体又称柏拉图实体，Maya提供了许多不同类型的多面实体。其属性参数面板如图3-32所示。

参数：

Radius：半径

Side Length：边长

Tetrahedron：四面体

Octahedron：八面体

Dodecahedron：十二面体

Icosahedron：二十面体

多面实体的类型（图3-33）。

利用基本多边形几何体组合而成的物体（图3-34～图3-38）。

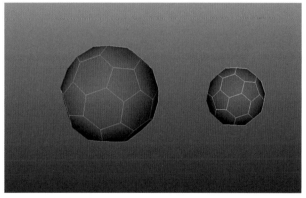

图3-31　创建足球

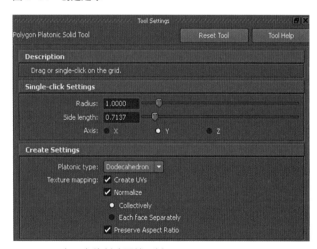

图3-32　多面实体创建属性面板

图3-33　多面实体的类型

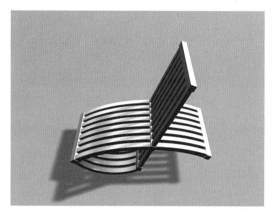

图3-34　方体组合物体

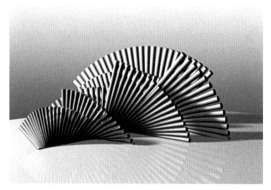

图3-35　圆柱体构造的同体渐变物体

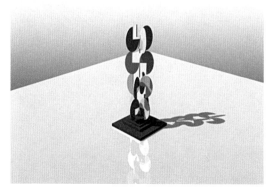

图3-36　方体与圆柱体组合的同体近似物体

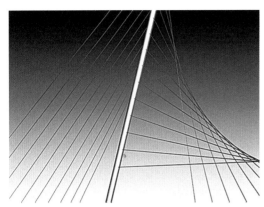

图 3-37　圆柱体拉伸构造组合

图 3-38　球体与方体组合物体

3.3　基础多边形创建工具

Maya2011 中的 Mesh 菜单里提供了一些多边形的基础创建工具，主要对 Polygon 物体进行编辑（图 3-39）。

其包含以下内容：

Combine（合并）

Separate（分离命令）

Extract（提取面）

Booleans（布尔运算）

Smooth（光滑）

Average Vertices（均化顶点）

Transfer Attributes（传递属性）

Paint Transfer Attributes Weights

图 3-39　Mesh 菜单

Tool（画笔属性传递工具）

Clipboard Actions（剪贴板工具）

Reduce（精简面）

Paint Reduce Weights Tool（喷涂精简权重工具）

Cleanup（清除）

Triangulate（三角化）

Quadrangulate（四边化）

Fill Hole（填洞工具）

Make Hole Tool（挖洞工具）

Create Polygon Tool（创建多边形工具）

Sculpt Geometry tool（雕刻塑造工具）

Mirror Cut（镜像切割）

Mirror Geometry（镜像几何体工具）

1.Combine（合并）

如果要将独立的几个多边形物体结合成一个多边形物体，则需要选择所有需要结合的多边形物体，然后调用"合并工具"命令。通常情况下，在创建对称的多边形模型时，都是先创建模型的一侧，通过镜像复制得到另一侧模型，再将两侧的模型合并成一个整体，利用合并点或合并边工具将模型最终封闭成一个整体（图 3-40）。

2.Separate（分离）

如果一个多边形物体内存在两块表面集合，并且两个表面集合不共享任何的点和边，那么这两块表面集合就可以通过对多边形物体使用分离

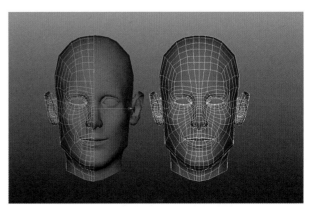

图 3-40　合并

命令，将它们独立成单独的多边形物体。此命令功能同多边形菜单中的"合并多边形"命令是互逆的（图3-41）。

3.Extract（提取面）

如果需要将多边形物体上的面直接分离而不是复制出来，可以通过"提取面"命令来完成。"提取面"命令会将原物体破坏，所以使用的时候要小心。需要拆分物体时，选择要提取的面，调用"提取面"命令即可（图3-42）。

4.Booleans（布尔运算）

Boolcans（布尔）运算命令包含三个子菜单：并集、差集和交集（图3-43）。

Union（并集）：相加布尔运算

Difference（差集）：相减布尔运算

Intersection（交集）：相交布尔运算

5.Smooth（光滑）

Smooth（光滑）命令可以使模型表面更加柔和、平滑，也是比较好用的工具之一（图3-44）。

其属性参数面板如图3-45所示。

参数：

Add Divisions：两种方式的切换控制。选择Exponential或者Linear，可以切换成"指数式分割"和"线性分割"两种操作形式，面板下面的参数也会随之改变。

Exponential Smoothing Controls：包含光滑处理的两个基本参数。其中，Division Levels是光滑分割的等级。对于每个轴向上的边都按照2的幂数次分割。

Continuity：这个参数的含义是"边的连续性"。如果值为0，则保持原型；如果值为1，则进行圆滑化处理。

Smooth UVs：对物体的边进行平滑处理的时候是否对UV也进行平滑处理。

Keep Geometry Borders：控制是否圆滑的同时保持集合体边界的形状。

Keep Selection Borders：在进行平滑处理时，保持选择区和未选择区交界边缘的形状不改变。

图3-41　分离

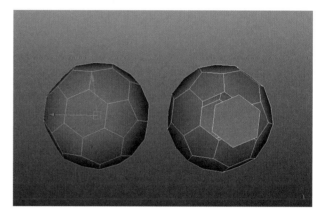

图3-42　提取

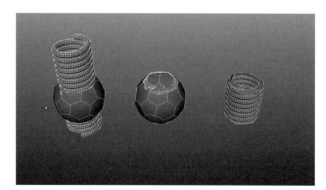

图3-43　布尔运算

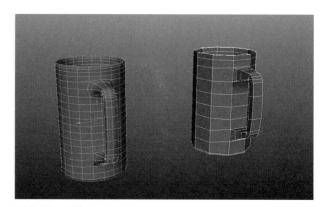

图3-44　光滑

Keep Hard Edges：进行平滑处理时，保持物体表面的硬边不受影响（图 3-46）。

Keep Tessellation：保持分割状态。如果在平滑处理时勾选该选项，那么，再次修改表面分割状态时，对于没有改变的点、边和面将维持初始的分割状态。

Keep Borders：勾选光滑 UV 选项时，决定 UV 光滑的状态。

Divisions Per Face：这个参数用来设定分割时对每个面的划分数。

Push Strength：在分割物体时，对物体表面产生向外或者向内的推动力，使物体膨胀或者收缩。

Roundness：调整物体在分割后的球面化的程度。

6.Average Vertices（均化顶点）

Average Vertices（均化顶点）命令是将模型上的各点之间的距离作平均化处理，使点与点之间的过渡更加自然。如果只是想对特定区域的面产生影响，则先选择控制这些面的点，然后执行该命令即可（图 3-47）。

7.Transfer Attributes（传递属性）

Transfer Attributes（传递属性）用于相同拓扑结构的两个物体间传递点的位置、UV 和颜色信息属性，要求两个传递物体的边、点、面数相一致（图 3-48）。

参数：

Vertex Position：勾选"点选项"，可以将物体上的点变形传递到另一个物体上。

UV Sets：将一个物体上调整好的 UV 传递到另一个同样拓扑结构的物体上。

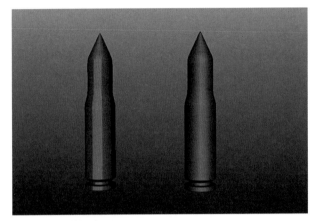

图 3-46　保持硬边

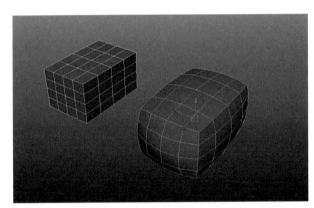

图 3-47　对特定区域进行均化顶点处理

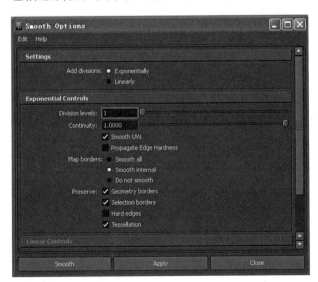

图 3-45　光滑命令属性面板

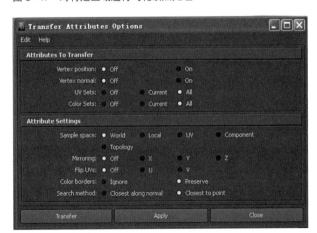

图 3-48　传递属性面板

Color Sets：勾选这个选项，可以将一个物体上的点色彩传递到另一个同样拓扑结构的物体上。

8.Paint Transfer Attributes Weights Tool（画笔属性传递工具）

此命令可以在两个物体使用 Transfer Attributes（传递属性）工具传递 Vertex Position（点位置）后，在物体上绘制传递属性的权重。

9.Clipboard Actions（剪贴板工具）

Clipboard Actions（剪贴板工具）命令可以用于物体间快速地复制和粘贴 UV、Shade 及颜色参数。

10.Reduce（精简面）

Reduce（精简面）命令用于简化模型面数，降低模型精度，但由于其精简效果是随机性的，所以效果并不理想（图 3-49）。

其参数属性面板如图 3-50 所示。

参数：

Reduce by：执行精简命令后，Maya 会将物体的面数尽量按照设定的百分比数值进行精简。默认状态下，将面数减少到原来面数一半。

Triangle Compactness：三角形的精密度参数。

Triangulate：在精简物体之前，先对物体进行三角化处理。如果最终的模型并非必须是四边形面的物体，那么可以考虑勾选这个选项，以产生更好的精简效果。

Uvs：勾选此选项，物体在精简的时候将会尽量保持精简后的物体的 UV 分布状态同原始的物体相一致。

Color Per Vertex：如果物体表面在精简前带有点颜色信息，那么，在精简物体的时候勾选该选项可将对点颜色的影响降到最小的状态。

Mesh Borders/UV Borders/Hard Edges：在精简物体时，如果勾选了这些选项，则相应的元素在精简的时候不会受到影响。Mesh Borders 代表的是物体的开放边界；UV Borders 代表的是物体的 UV 边界；Hard Edges 代表的是物体表面上的硬边。

Keep Original：保持原始物体的选项，在精简物体的同时保留原始物体的状态。如果要通过

喷涂工具划分精简区，则必须选择此项。

11.Paint Reduce Weights Tool（喷涂精简权重工具）

当对物体使用精简工具来减少面数时，精简的作用是平均化的。如果希望模型在精简的时候保留某些局部的面数以避免模型在形体上有太大的变化，就需要对精简作用的分布状态进行控制（图 3-51）。

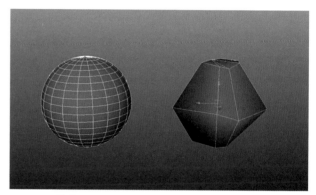

图 3-49　精简面

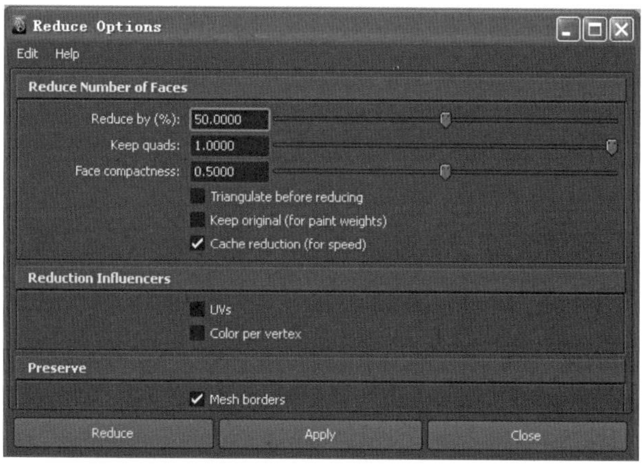

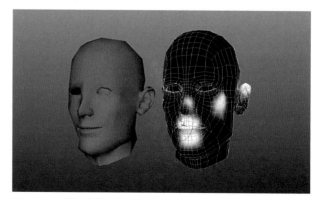

图 3-50　精简面属性面板

图 3-51　喷涂精简权重工具

12. Cleanup（清除）

Cleanup（清除）命令用于检查和清除多边形物体中多余的和错误的面，是一个比较实用的检查多边形的工具（图 3-52）。

其参数属性面板如图 3-53 所示。

参数：

Operation：选择在清除时执行命令的方式，默认选项 Select and Cleanup 是对选择的物体执

图 3-52　清除面

图 3-53　清除面属性面板

行清除命令。若改为"Select Geometry"，则最终不会执行清除的命令，只是在场景中选择定义的元素。

Select All Polygonal Objects：此选项被勾选时，无论选择物体与否，都会对场景中的所有物体执行同样的操作。

Construction History：构筑历史。在执行清除命令的时候，保留操作的历史，如果不勾选，则不会保留历史记录。

Tesselate Geometry：子面板上有 5 个选项，如果勾选这些选项，那么，在执行清除命令时，会将这 5 种构成类型的面清除。

Nonmanifold Geometry：清除非规则性多边形物体。

Normals and Geometry：将法线和几何体一起修正。

Geometry Only：只对几何体结构进行修正。

非规则性多边形物体则包含了三种情况，分别是"多面共边"、"两面共点不共边"、"物体上的法线不统一"。

Edges with Zero Length：勾选该选项，将清除物体中"零长度"的边。下方的 Length Tolerance（长度域值）定义了清除边的长度范围，凡是长度值小于域定义长度的边都将被清除。

Faces with Zero Geometry Area：勾选该选项，将清除物体中"零面积"的几何体。下方的 Area Tolerance（面积域值）定义了清除的范围，凡是面积小于域值数值的面都将被清除。

Facef with Zero Map Area：勾选该选项，将清除物体中贴图面积为零的面。下方的 Area Tolerance（面积域值）定义了清除的范围，凡是贴图面积小于域值数值的面都将被清除。

Lamina Faces：勾选该选项，将清除物体中的重叠面。这种面是由于贴近的两个面的所有边都结合在一起而产生的。

13. Triangulate（三角化）

选择需要三角化的物体或物体元素，调用三角化命令即可（图 3-54）。

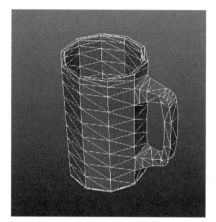

图 3-54 三角化

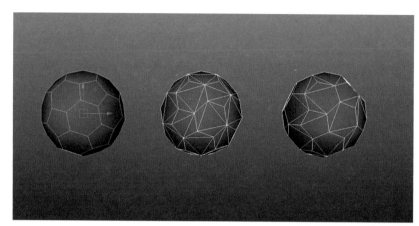

图 3-55 四角边

14.Quadrangulate（四边化）

Quadrangulate（四边化）工具用于将三角
面物体转化为四边面，对于五边面或大于五边的
面的多边形物体，无法直接转化为四边面，但可
以先把所有物体都转化为三角面，再执行转化四
边面命令（图 3-55）。

其参数属性面板如图 3-56 所示。

参数：

Angle Threshold：设定一个角度，如果四
边相邻三角面的法线夹角度数小于此角度，那么，
两个三角面变成一个四边面，否则保持三角面的
状态。

Keep Face Group Border：保持面组的边
界。如果物体中包含表面组，选择此选项，在进
行四边化的时候会保持表面组的边界不变。

Keep Hard Edges：保持硬边选项。四边化
物体表面的时候，硬边保持不变，也就是硬边两
侧的三角面不会合并成一个四边面。

Keep Space Coords：世界坐标参考选项。
勾选此选项之后，确定三角面是否合并的角度值
是由两个三角面的夹角的世界坐标数值来决定
的。如果不勾选该选项，则法线之间的夹角数值
按照物体自身的坐标来计算。

15.Fill Hole（填洞工具）

选择带有洞的物体，无论是什么类型的洞，
"填洞"命令都可以在洞上生成多边形面，从而
将洞填补上（图 3-57）。

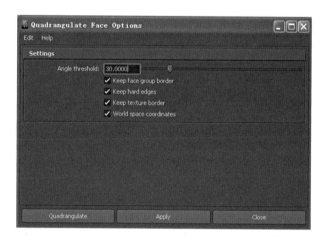

图 3-56 四角边属性面板

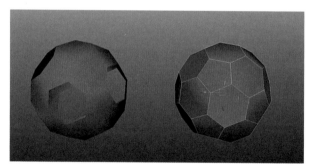

图 3-57 填洞

16.Make Hole Tool（挖洞工具）

Make Hole Tool（挖洞工具）可以在多边
形物体表面创建洞，但不能改变原有面的属性。
以一个面为基础形状在另一个面上造洞时，两个
面只有在合并成一个物体后才能使用。具体方法：
先选择物体，再选择此工具，然后，在多边形物
体上先选择造洞的面，再选择被打洞的面，按键

盘上的回车键即可。

17.Create Polygon Tool（创建多边形工具）

Create Polygon Tool（创建多边形工具）命令可以创建具有不规则面的多边形物体，还可以通过此工具创建带有洞的多边形，通过重新定位顶点来重新调整多边形的形状（图 3-58）。

18.Sculpt Geometry Tool（雕刻塑造工具）

使用该工具，可以通过雕刻笔喷涂的方式将物体上的顶点进行移动，从而改变物体的形体结构，使用雕刻多边形工具时需要在工具选项面板中设定相应的参数（图 3-59）。

19.Mirror Cut（镜像切割）

Mirror Cut（镜像切割）命令用于在镜像物体和原物体之间作剪切处理（图 3-60）。

20.Mirror Geometry（镜像几何体工具）

Mirror Geometry（镜像几何体工具）命令将物体通过一个镜像平面进行镜像复制，并且自动除去相交部分，把镜像物体与原物体合并成为一个新物体（图 3-61）。

其参数属性面板（图 3-62）。

参数：

Mirror Direction：这一组轴向的选择，可以控制物体镜像时的参考轴向以及镜像的方向，分别是按照正负 X/Z/Y 轴进行镜像的结果。

Merge with the Orginal：此选项决定几何体镜像后，对于合并的两个表面是否执行焊接操

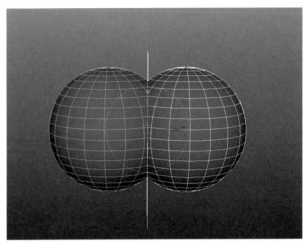

图 3-60　镜像切割

图 3-58　创建多边形

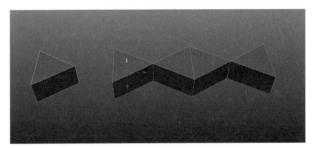

图 3-61　两次镜像几何体

图 3-59　雕刻

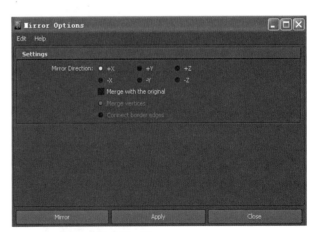

图 3-62　镜像几何体属性面板

作。如果不选择此选项，那么，镜像完成后的几何物体在分界线上的点是断开的。

3.4 Edit Mesh 编辑多边形工具

在 Maya 2011 中的 Edit Mesh 菜单增加了新的、更便捷的工具，这使其多边形编辑功能更加强大（图 3-63）。

其包含以下内容：

Keep Faces Together（保持共面）

Extrude（挤压）

Bridge（桥连接）

Append to Polygon Tool(追加多边形工具)

Cut Faces Tool（切割面工具）

Split Polygon Tool（分割多边形工具）

Insert Edge Loop Tool（环形切割工具）

Offset Edge Loop Tool（环形偏移边工具）

Add Divisions（添加分割线）

Slide Edge Tool（滑边工具）

Transform Component（变换组成部分）

Flip Triangle Edge（翻转三角边）

Spin Edge Forward-Backward（向前／向后旋转边）

Poke Face（刺分面）

Wedge Face（楔形面）

Duplicate Face（复制面）

Connect Components（连接组件）

Detach Components（分离构成组件）

Merge（合并）

Merge To Center（合并至中心）

Collapse（塌陷）

Merge Vertex Tool（合并点工具）

Merge Edge Tool（合并边工具）

Delete Edge-Vertex（删除边和点工具）

Chamfer Vertex（斜切点）

Bevel（倒角）

Crease Tool（拆边工具）

Assign Invisible Faces（分配隐形面）

1.Keep Faces Together（保持共面）

Keep Faces Together（保持共面）命令不能单独使用，它一般与 Extrude（挤压）、Duplicate Face（复制面）命令配合使用（图 3-64）。

2.Extrude（挤压）

Extrude（挤压）工具用于对多边形的点、边、面进行拉伸变形，对物体进行操作后，可以在通道盒中对其参数进行调整，以达到我们需要的效果，

图 3-63 Edit Mesh 菜单

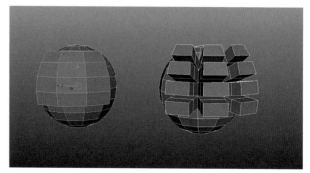

图 3-64 保持共面

也是多边形建模中常用的工具之一（图 3-65）。

（1）点挤压

选择物体上的点元素，执行此命令，则从物体的点上挤出一个锥体（图 3-66）。

（2）边挤压

选择物体上的边元素，执行此命令，则从物体的边上挤出一个平面（图 3-67）。

（3）面挤压

选择物体上的面元素，执行此命令，则从物体的面上挤出新面（图 3-68）。

其参数属性面板如图 3-69 所示。

参数：

Divisions：分段数

Smoothing Angle：平滑角度

Offset：偏移

Use Selected Curve for Extrusion：沿路径进行挤压。先选择要挤压的多边形的面，再选取曲线，让面沿曲线挤压（图 3-70）。

Taper：锥化

Twist：扭曲

3.Bridge（桥连接）

Bridge（桥连接）命令常和 Combine（合并）配合使用，用于在一个物体的两个不同面的边界线之间创建连接面（图 3-71）。

4.Append to Polygon Tool(追加多边形工具)

Append to Polygon Tool（追加多边形工具）命令用于在多边形物体边或多个边之间添加延伸或链接部分，另外，我们还常用 Append to Polygon Tool 来填补多边形表面上的空缺面，它比 Fill Hole 工具的自由度更大（图 3-72）。

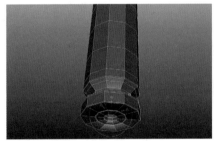

图 3-65 挤压

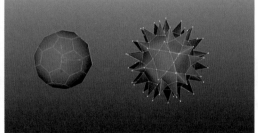

图 3-66 点挤压

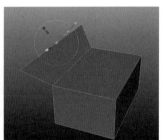

图 3-67 边挤压

图 3-68 面挤压

图 3-69 挤压参数属性面板

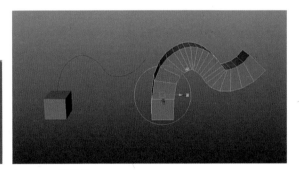

图 3-70 路径挤压

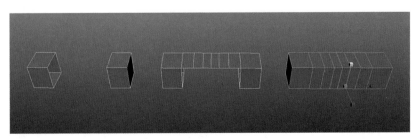

图 3-71 桥连接

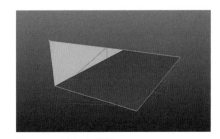

图 3-72 追加多边形

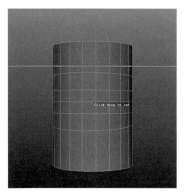

图 3-73 切割面

图 3-74 切割面属性面板

图 3-75 分割多边形

5.Cut Faces Tool（切割面工具）

Cut Faces Tool（切割面工具）命令也称为快速加线工具，可以为不规则的物体添加循环边（图 3-73）。

其参数属性面板如图 3-74 所示。

参数：

Cut Direction：切割方式调整。默认状态下是交互状态的切割方式。图 3-74 中，在物体上点击出现的切割线就可以完成对物体的切割。

Cut Plane Center、Rotation、Scale 三组选项用于控制切割面中心在各个轴上的位移、旋转角度、缩放。

Delete the Cut Faces：勾选这个选项，切割后的一部分面将会被删除，该参数用来切换"切断"和"切掉"这两种效果。

Extract the Cut Faces：勾选这个选项后，分割后的物体被切割成两个部分。通过 Extract Offset（偏移）数值还可以设定分离的距离。

6.Split Polygon Tool（分割多边形工具）

Split Polygon Tool（分割多边形工具）命令是多边形建模中常用的工具之一，可在多边形表面添加任意边，进行模型塑造（图 3-75）。

其参数属性面板如图 3-76 所示。

参数：

Divisions：在相邻或者相对边上标定切分点后两个切分点连线上的分段数。

Smoothing Angle：平滑角度

Split Only Form Edges：吸附到边的选项，

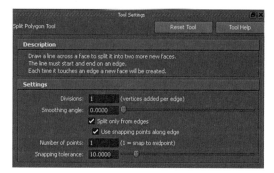

图 3-76 分割多边形属性面板

如果此选项没有勾选，在标定切分点时，鼠标有可能会点击到面上，从而造成操作失败。

Use Snapping Points Along Edge：吸附到磁性标记点选项。

Number of Points：设定边上的磁性标记点的数量。数值为 1 时，为边上，有两个等分点；数值为 2 时，有两个磁性标记点，则边被三等分，依次类推。

Snapping Tolerance：磁性容差值。此数值越大，磁性标记点的影响范围就越大，也就是数值设定的越大，鼠标指针就越容易吸附到磁性标记点上。

7.Insert Edge Loop Tool（环形切割工具）

Insert Edge Loop Tool（环形切割工具）命令用于为物体上的边添加循环新边，它能有效、准确地添加一条或多条循环线（图 3-77）。

8.Offset Edge Loop Tool(环形偏移边工具)

Offset Edge Loop Tool（环形偏移边工具）以一条边作为基准，在边的两个相交面上创建偏移边，如图 3-78 所示。

9.Add Divisions（添加分割线）

Add Divisions（添加分割线）与 Smooth 命令不同，该命令不改变物体外形，常用于对物体上每一个边作等分处理（图 3-79）。

10.Slide Edge Tool（滑边工具）

Slide Edge Tool（滑边工具）命令可以把所选择的边沿着多边形物体表面进行滑动。使用方法：激活滑边工具，先使用鼠标左键单击选择所要滑行的边，然后按住鼠标中键执行滑行操作即

图 3-77　环形切割工具

图 3-78　环形偏移边工具

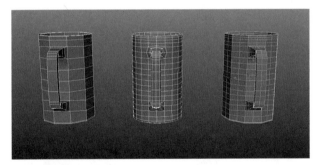

图 3-79　添加分割线

可（图 3-80）。

11.Transform Component（变换组成部分）

通过使用操作手柄，对所选择的构成多边形的元素在法线方向上进行位移、旋转和缩放等变换操作（图 3-81）。

12.Flip Triangle Edge（翻转三角边）

可以将三角形的边翻转，主要针对由三角形面形成的模型，因为有些三角形需要调整方向才能制作贴图动画。使用方法：先选择三角形的边，然后执行该命令即可（图 3-82）。

13.Spin Edge Forward/Backward（向前 / 向后旋转边）

在多边形上选择一条边，执行此命令可以改变边的方向（图 3-83）。

14.Poke Face（刺分面）

Poke Face（刺分面）用于在面的中央产生一个点，该点到面的各个顶点的连线所形成的面，该面可以凸起或凹陷（图 3-84）。

15.Wedge Face（楔形面）

Wedge Face（楔形面）一般用于创建建筑中的拱形门、路或管道拐弯的弧形部分。具体操作：先选择所要拉伸的面，再按住 Shift 键复选这个面上的一条边，执行命令即可（图 3-85）。

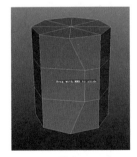

图 3-80　滑边

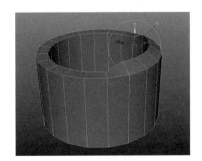

图 3-81　变换组成部分

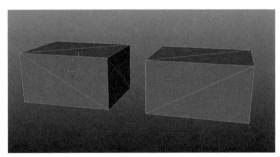

图 3-82　翻转三角边

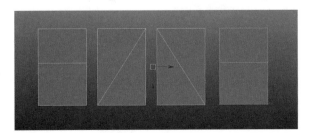

图 3-83　向前 / 向后旋转边

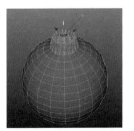

图 3-84　刺分面

图 3-85　楔形面

16．Duplicate Face（复制面）

Duplicate Face（复制面）命令用于对多边形物体表面的单个面或多个面进行复制，使用时需处于 Keep Faces Together（保持共面）的状态（图3-86）。

其参数属性面板如图3-87所示。

Separate Duplicated Faces：勾选这个选项时，复制出来的面同原物体分离，否则还是保持一个整体。

Offset：可以调整分离时的偏移值，用以控制复制出来的面对于原物体表面的偏移量。

17．Connect Components（连接组件）

此命令是Maya2011的新功能，当选择点或者边时，执行此命令，可以通过线段连接这些元素。点元素间直接连接，边与边连接时，连接它们的中点。当选择面元素时，此命令可以在构成面的边的中点上添加分割线（图3-88）。

18．Detach Components（分离构成组件）

Detach Components（分离构成组件）用于将物体拆分成彼此独立的面，但所有的面还是一个整体，并不独立，可以通过Separate命令将面独立出来（图3-89）。

19．Merge（合并）

Merge（合并）命令用于合并多边形物体上的点和边（图3-90）。

20．Merge To Center（合并至中心）

Merge To Center（合并至中心）命令可以将多边形的点、边或者面等不同的元素进行中心合并（图3-91）。

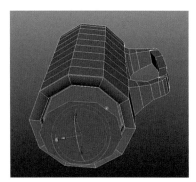

图3-86　复制面

图3-87　复制面属性面板

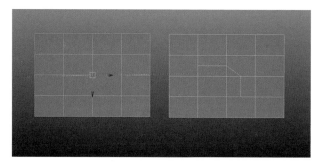

图3-88　连接组件

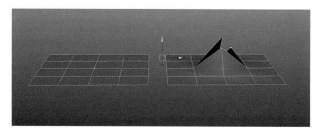

图3-89　分离构成组件

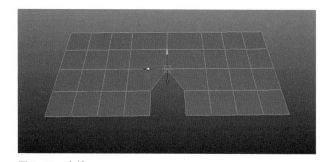

图3-90　合并

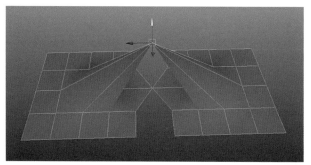

图3-91　合并至中心

21. Collapse（塌陷）

使用此命令可以快速将多边形物体上的边或面变成一个点。使用方法：选择多边形物体上的边或面后执行该命令即可（图 3-92）。

22. Merge Vertex Tool（合并点工具）

使用此命令可以手动选择需要合并的点。使用方法：选择物体后激活 Merge Vertex Tool 命令，先选择一个合并的源顶点，再按住鼠标左键向另一个目标点拖拽，则两点自动被合并在一起（图 3-93）。

23. Merge Edge Tool（合并边工具）

使用此命令可以手动合并多边形物体边界上的边。操作方法：选择一个具有开放边界的多边形物体，激活 Merge Edge Tool 命令，这时物体边界边会加粗显示，按键盘上的 4 键显示多边形物体的线框以方便观察，单击一条需要合并的边，则所有能进行合并的边会以紫色线显示，然后选择一条需要合并的边，按回车键结束操作（图 3-94）。

24. Delete Edge ＿ Vertex Tool（删除边和点工具）

此命令也是多边形建模中常用的工具之一。如果多边形物体表面上的顶点处在三条边或三条以上的边的交汇处，则不能通过键盘上的 Delete 键直接删除，而是通过 Delete Vertex（删除点）命令删除。只有两条边相交的顶点才可以通过键盘上的 Delete 键直接删除。多边形上的边基本上都可以通过键盘上的 Delete 键直接删除，也可以选择边，然后执行"删除边"命令来删除（图 3-95）。

25. Chamfer Vertex（斜切点）

使用此命令可以斜切所选择的多边形物体的

顶点，形成一个三边平面，当选择物体、边或面时，该命令同样有效（图 3-96）。

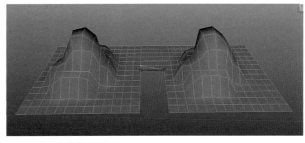

图 3-93　合并点

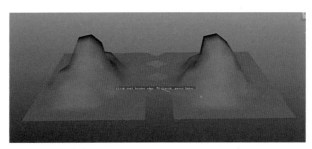

图 3-94　合并边

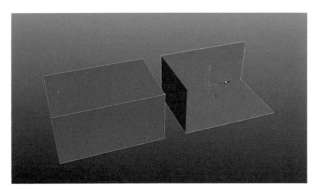

图 3-95　删除点工具

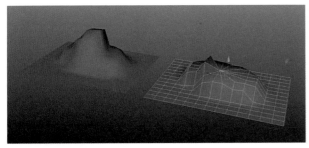

图 3-92　塌陷

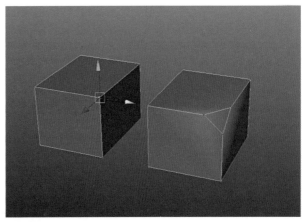

图 3-96　斜切点

图 3-97　倒角

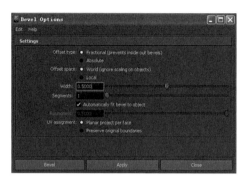

图 3-98　倒角属性面板

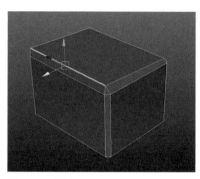

图 3-99　拆边

26.Bevel（倒角）

在创建多边形物体时，经常需要把一直角边变成两条以上的圆角边，倒角工具可以使坚硬的边缘变得平滑（图 3-97）。在渲染时，有倒角的转折边缘会产生很好的光影效果，能够增加模型的渲染细节。

其参数属性面板如图 3-98 所示。

参数：

Offset Type：偏移模式。在 Fractional 模式下，倒角的宽度不会大于模型上最短边的长度。也就是说，不会由于倒角的缘故使模型出现内侧跑到模型外侧的现象。如果是 Absolute 模式，则不遵守这个原则，往往会出现出乎意料的结果。

Auto Fit：如果不勾选这一项，那么平面上的边在倒角的时候也会被圆化，使其不再是一个平面。

Offset Space（World、Local）：如果对缩放后的物体进行倒角操作，选择 World 选项时，创建的倒角不会由于物体的缩放而变形；如果选择的是 Local，那么倒角会随之变形。

Width：倒角的宽度。

Roundness：倒角的圆度。

Segments：倒角的分段数。

27.Crease Tool（拆边工具）

此命令可以使多边形物体的边在工作区高精度显示（按"3"键）时显示硬边效果。使用方法：激活 Crease Tool（拆边工具），在物体上选择边或点，按住鼠标中键滑动可以产生拆边效果（图3-99）。

28.Assign Invisible Faces（分配隐形面）

Assign Invisible Faces（分配隐形面）是将实际存在的面设为渲染不可见，其效果如图 3-100 所示。操作之后，要显示效果需要执行 Display → Polygons → Invisible Faces。

3.5　Normals 多边形法线

多边形物体的法线本身是不存在的，是为了表示点和面的朝向而虚拟出来的一组线。它的正确与否直接影响到渲染反射的效果。多边形法线菜单如图 3-101 所示。

1.Vertex Normal Edit Tool(点法线编辑工具)

使用此命令，可以通过操作手柄改变顶点法线方向（图 3-102）。

2.Set Vertex Normal（设置点法线）

使用此命令，可以通过设置改变 X、Y、Z 的数值，精确改变所选顶点的法线方向（图 3-103）。

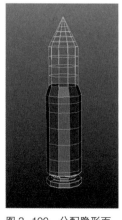

图 3-100　分配隐形面

图 3-101　多边形法线菜单

3.Lock Normal（锁定法线）/Unlock Normal（解锁法线）

锁定或解锁顶点法线。法线的方向直接影响多边形的外观，可以先解锁，修改其外观，编辑法线方向后再锁定它们。

4.Average Normal（平均化法线）

使用此命令可以平均点或面法线（图 3-104）。

5.Set to face（设置面法线）

使用此命令的效果和 Average Normal（平均化法线）工具刚好相反，此命令使每个点的法线方向与相邻的面法线方向相同（图 3-105）。在制作模型的过程中经常会遇到一些物体局部变黑的现象，这是因为法线的方向不正确造成的，使用此命令可以解决这个问题。

6.Reverse（反转法线）

使用此命令可以反转选定的多边形的法线（图 3-106）。

7.Conform（统一法线）

使用此命令可以统一选定的多边形表面法线方向，所有统一的表面法线方向将由多边形物体上大多数面的共享方向决定（图 3-107）。

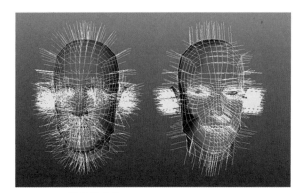

图 3-104　平均化法线

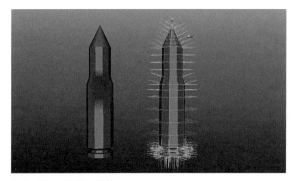

图 3-105　设置面法线

图 3-106　反转法线

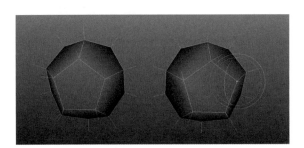

图 3-102　点法线设置

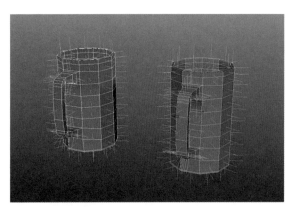

图 3-107　统一法线

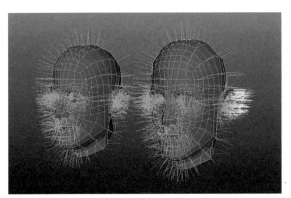

图 3-103　点法线设置参数

图 3-108　软化法线

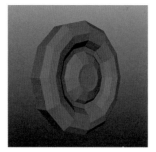

图 3-109　硬化法线

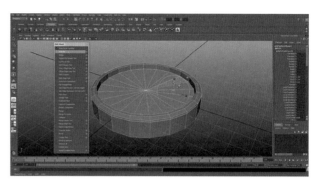

图 3-110　创建圆柱体并挤压

8.Soften Edge（软化边）

使用此命令可以改变点法线方向，使多边形物体的外观呈现出一种软化平滑的效果（图3-108）。

9.Harden Edge（硬化边）

此命令与 Soften Edge（软化边）功能相反，使用此命令可以使多边形物体的外观呈现出一种硬化的直线效果（图3-109）。

10.Set Normal Angle（设置法线角度）

通过指定一个 Angle 的数值来改变多边形物体边界的外观效果，其取值范围为 0 到 180 度之间，默认值为 30 度。

3.6　手表制作实例

本实例主要利用 Maya 中的挤压、复制和圆滑命令进行实例制作。

（1）执行主菜单 Create（创建）→ Polygon Primitives（多边形基础物体创建工具）→ Cylinder（圆柱体）来创建圆柱体并调整，选择面，执行主菜单 Edit Mesh → Extrude（挤压）进行挤压（图3-110）。

（2）执行主菜单 Edit Mesh → Extrude（挤压），调整出表盘外形（图3-111、图3-112）。

（3）在顶视图中创建圆柱体，制作旋钮（图3-113）。

（4）执行主菜单 Create（创建）→ Polygon Primitives（多边形基础物体创建工具）→ Cube（立方体），制作表带零件（图3-114）。执行主菜单 Edit → Duplicate（复制）（图3-115）。

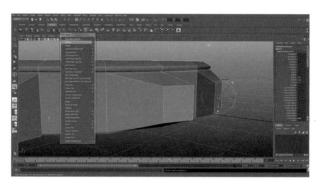

图 3-111　挤压

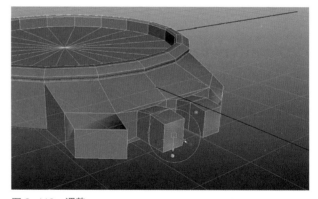

图 3-112　调整

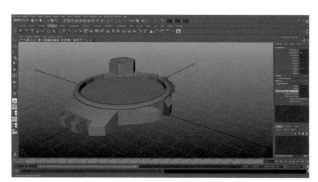

图 3-113　创建圆柱体

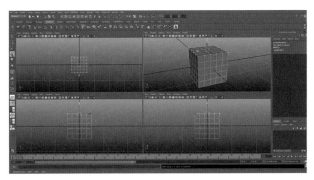

图 3-114　创建立方体

（5）选中物体，执行主菜单 Edit → Group（打组）并归位中心点（图 3-116）。

（6）执行主菜单 Edit → Duplicate with Transform（阵列复制），制作表带部分（图 3-117、图 3-118）。

（7）将表盘和表带放置在一起，然后执行主菜单 Create → Locator（控制器）（图 3-119）。

（8）执行"D+V"键，将控制器中心吸附到表盘中心（图 3-120）。

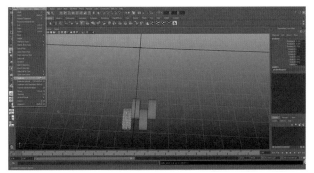

图 3-115　复制

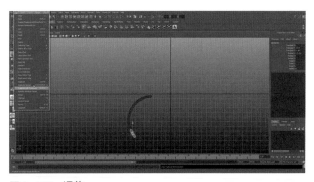

图 3-118　调整

图 3-116　归位中心点

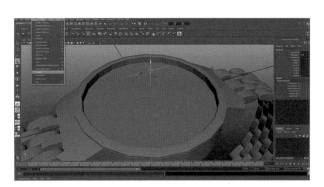

图 3-119　创建控制器

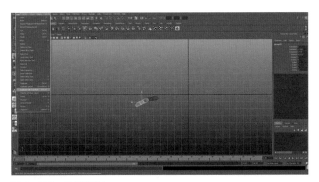

图 3-117　阵列复制

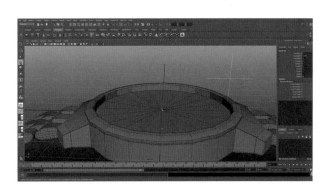

图 3-120　吸附

（9）执行主菜单 Edit → Duplicate with Transform（阵列复制）（图 3-121、图 3-122）。

（10）执行主菜单 Create → Text（文字），制作表盘数字并归位中心点（图 3-123、图 3-124）。

（11）创建立方体并调整（图 3-125、图 3-126）。

（12）创建圆锥体，制作指针固定物。选择面，执行主菜单 Edit Mesh → Extrude（挤压）（图 3-127、图 3-128）。

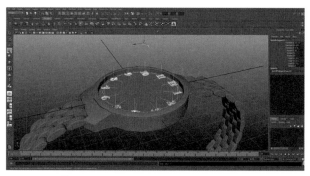

图 3-124　效果

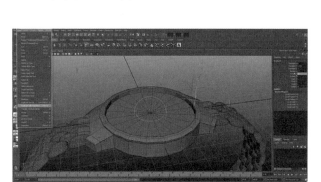

图 3-121　阵列

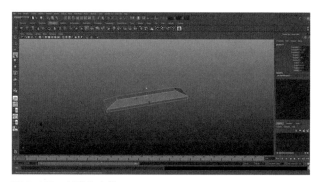

图 3-125　创建立方体

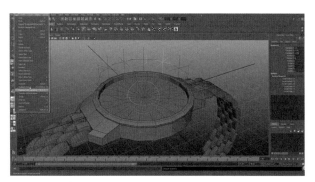

图 3-122　效果

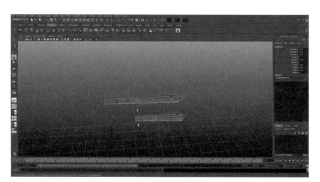

图 3-126　调整

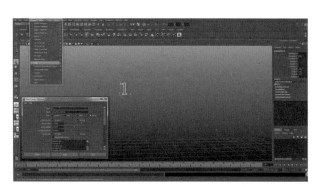

图 3-123　创建文字

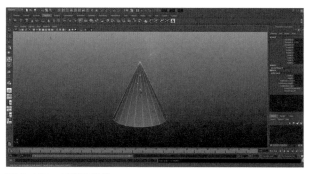

图 3-127　创建圆锥体

图 3-128　挤压

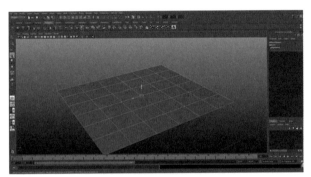

图 3-129　创建面片

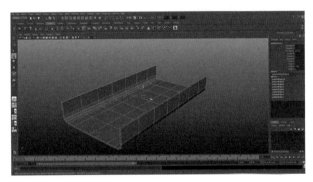

图 3-130　调整

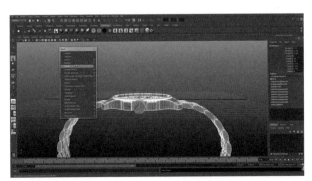

图 3-131　圆滑

图 3-132　添加材质

图 3-133　完成效果

（13）创建面片并调整（图 3-129、图 3-130）。

（14）执行主菜单 Mesh → Smooth（圆滑）（图 3-131）。

（15）给模型添加不锈钢材质，布光并设置摄像机（图 3-132、图 3-133）。

3.7　子弹头制作实例

本实例主要利用 Maya 中的挤压命令进行子弹头的制作。

（1）在前视图中创建一个圆锥体，给予适当的段数（图 3-134）。

图 3-134　创建圆锥体

（2）选中物体，单击鼠标右键进入物体次元素（图3-135）。

（3）选中圆锥底面（图3-136）。

（4）选择 Edit Mesh → Extrude，对底面进行挤压，利用操作柄进行位移及缩放，挤压出子弹整体造型（图3-137～图3-140）。

（5）子弹底部的制作，同样使用 Extrude 对其进行挤压，在侧视图中可以更好地对齐位置，进行缩放，向上位移（图3-141），效果如图

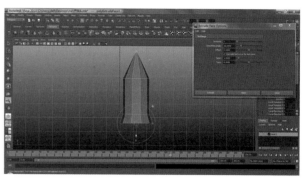

图3-138　挤压

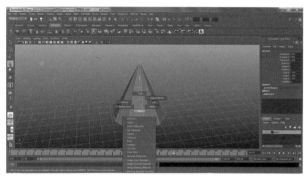

图3-135　进入次元素

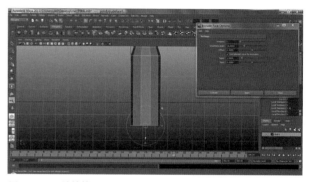

图3-139　继续挤压

图3-136　选中面

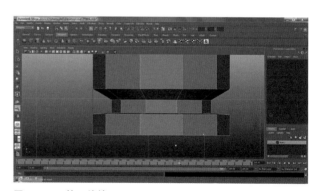

图3-140　挤压缩放

图3-137　执行挤压

图3-141　选中底面

3-142 所示，继续挤压，做出凹槽（图 3-143），效果如图 3-144 所示。

（6）选择 Edit Mesh → Cut Faces Tool（快速加线工具）（图 3-145），进行调整（图 3-146）。

（7）选择 Mesh → Smooth（圆滑）（图 3-147），效果如图 3-148 所示。

（8）添加材质，效果如图 3-149 所示。

图 3-142　挤压

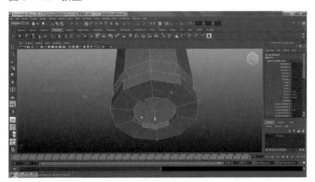

图 3-143　效果

图 3-144　挤压凹槽

图 3-145　执行快速加线

图 3-146　加线效果

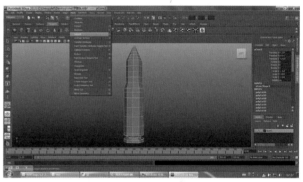

图 3-147　执行圆滑

图 3-148　圆滑

图 3-149　最终效果

3.8　瞭望塔制作实例

本实例主要利用 Maya 中的基本多边形几何体及复制、挤压命令进行制作。

（1）在顶视图中创建一个圆柱体，使其位于世界坐标系的中心，修改其段数（图 3-150）。

（2）选择间隔的点进行调整，并删除间隔的边（图 3-151、图 3-152）。

（3）执行 Edit Mesh（编辑多边形）→ Insert Edge Loop Tool（插入循环边工具）进行挤压调整（图 3-153）。

（4）创建圆柱体,并进行调整,制作其支柱（图3-154）。

（5）制作顶盘（图 3-155）。

（6）执 行 Edit Mesh（编 辑 多 边 形）→ Insert Edge Loop Tool（插入循环边工具）进行调整（图 3-156、图 3-157）。

图 3-150　创建圆柱体

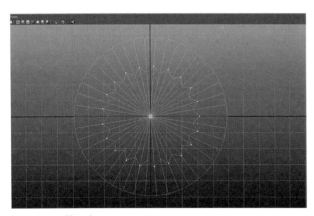

图 3-151　挤压点

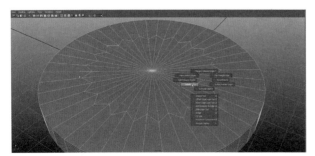

图 3-152　删除边

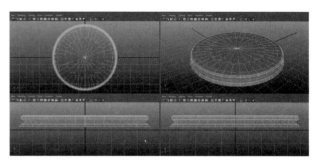

图 3-153　挤压

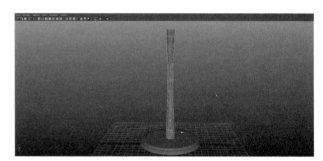

图 3-154　支柱

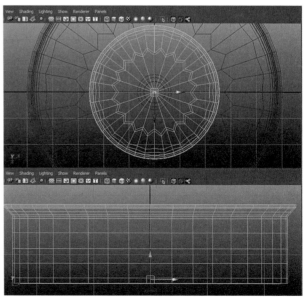

图 3-155　调整

（7）创建圆柱体，并进行调整，制作栏杆（图3-158）。

（8）调整栏杆中心到顶盘中点（图3-159）。

（9）选中支柱，执行主菜单 Edit（编辑）→ Delete by Type（删除类型）→ History（历史记录）（图3-160）。

（10）执行 Ctrl+D 键复制栏杆（图3-161）。

（11）创建圆环体，并进行调整（图3-162）。

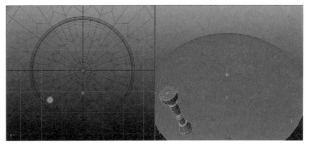

图 3-159　调整中心点

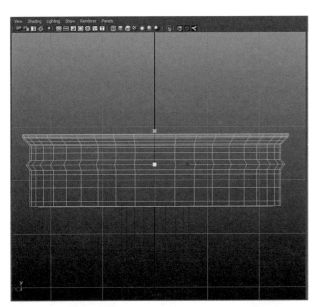

图 3-156　插入循环边

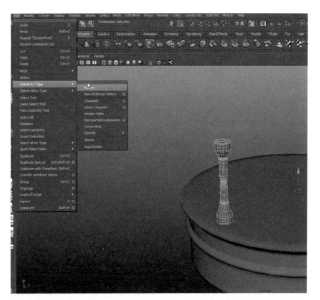

图 3-160　删除历史

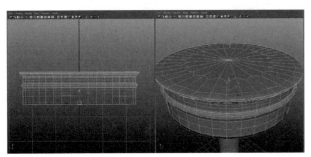

图 3-157　调整

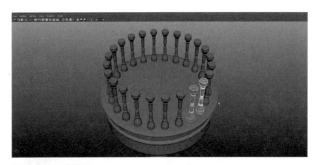

图 3-161　复制

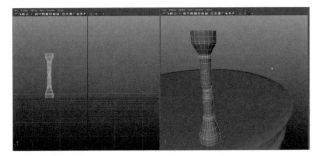

图 3-158　调整

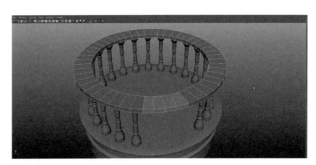

图 3-162　删除多余的面

（12）执行 Edit Mesh（编辑多边形）→ Append to Polygon Tool（附加多边形工具）填充删除的面（图 3-163）。

（13）创建面片并调整成瓦片的形状（图 3-164）。

（14）执行 Ctrl+G 键，将所有瓦片进行打组并复制（图 3-165、图 3-166）。

（15）创建球体并进行调整（图 3-167、图 3-168）。

（16）执行主菜单 Create（创建）→ Polygon Primitivcs（多边形）→ Helix（弹簧）进行扶手

制作，并调整（图 3-169、图 3-170）。

（17）创建圆柱体和立方体，执行 Ctrl+G 键进行成组并归为中心点（图 3-171）。

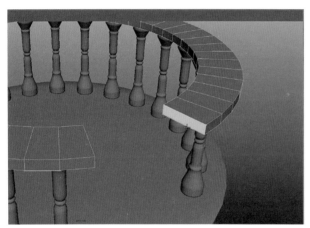

图 3-163　效果

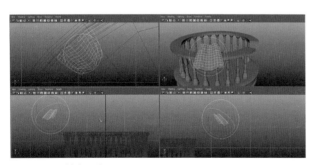

图 3-164　创建面片

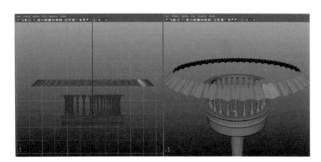

图 3-165　复制

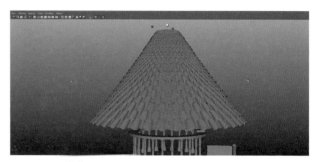

图 3-166　调整

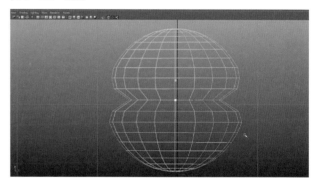

图 3-167　调整

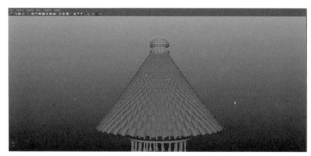

图 3-168　效果

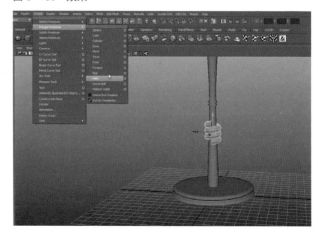

图 3-169　创建弹簧

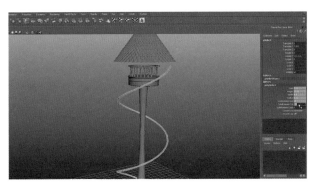

图 3-170　调整

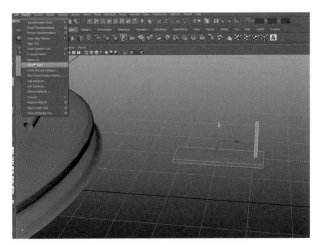

图 3-171　创建圆柱体和立方体

图 3-172　复制

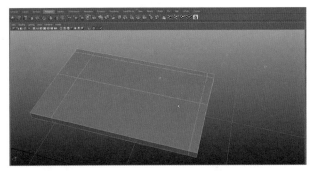

图 3-173　插入循环边

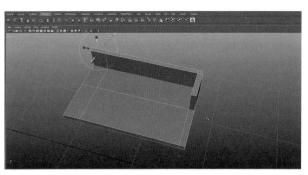

图 3-174　调整

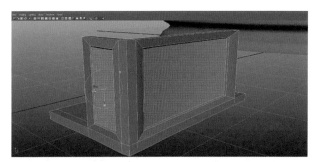

图 3-175　挤压面

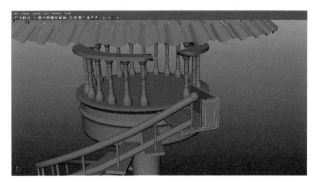

图 3-176　效果

（18）执行 Ctrl+D 键复制并进行调整（图 3-172）。

（19）创建立方体，执行主菜单 Edit Mesh（编辑多边形）→ Insert Edge Loop Tool（插入循环边工具）进行调整（图 3-173～图 3-176）。

（20）利用好莱坞的三点光照给场景布光，最终完成（图 3-177）。

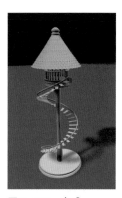

图 3-177　完成

3.9 风蛇制作实例

本实例主要利用 Maya 中的挤压、插入环形边和合并命令进行制作。

（1）创建一个面片，并进行调整（图 3-178、图 3-179）。

（2）执行菜单 Edit Mesh（编辑多边形）→ Extrude（挤压）命令进行挤压并调整出风蛇鼻翼的大概轮廓（图 3-180）。

（3）执行菜单 Edit Mesh（编辑多边形）→ Append to Polygon Tool（附加多边形工具）可在相应空缺的位置补上多变形，结合 Extrude（挤压）命令继续调整（图 3-181）。

（4）执行 Edit Mesh（编辑网格）→ Insert Edge Tool（插入环形边工具），对头的始端和尾端进行加边，使其轮廓清晰，继续选择边进行挤压（图 3-182、图 3-183）。

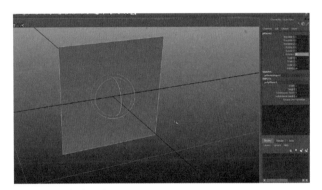

图 3-178　创建面片

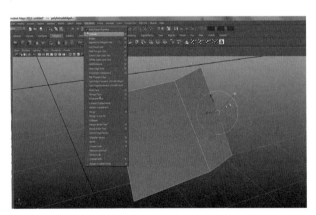

图 3-179　调整

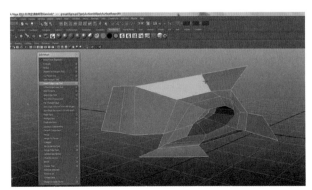

图 3-180　挤压

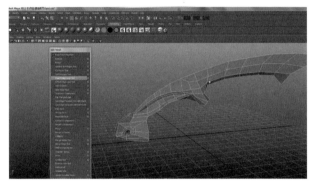

图 3-181　加边

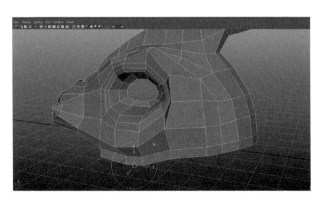

图 3-182　挤压

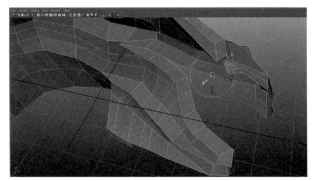

图 3-183　调整

（5）执行主菜单 Edit Mesh（编辑多边形）→ Insert Edge Loop Tool（插入循环边工具）并调整（图 3-184、图 3-185）。

（6）选中半个头部进行镜像复制，执行主菜单 Mesh（多边形）→ Combine（合并）（图 3-186）。

（7）执行主菜单 Edit Mesh（编辑多边形）→ Marge（缝合）（图 3-187、图 3-188）。

（8）创建圆锥体、立方体、面片和球体制作头部的其他部分，使头部更加完整、丰富（图 3-189）。

（9）创建立方体并调整，执行 D+V 键，将点吸附到位于中轴线的点上（图 3-190、图 3-191）。

图 3-187　设置参数

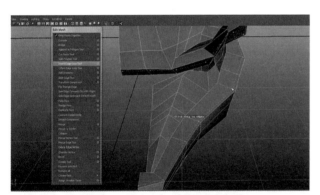

图 3-184　加入循环边

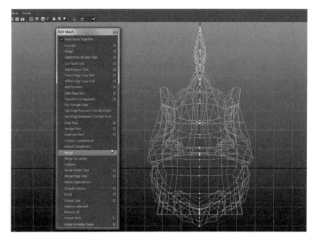

图 3-188　缝合点

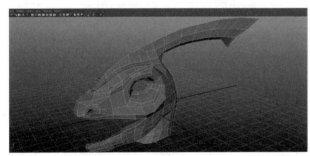

图 3-185　半个头部

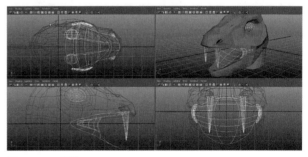

图 3-189　调整

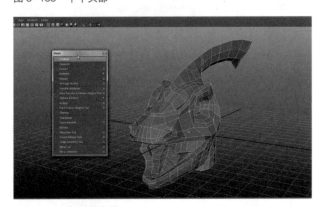

图 3-186　复制并合并

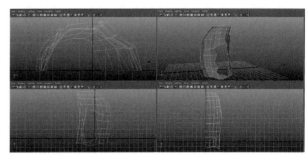

图 3-190　调整

（10）进行镜像复制并设置参数（图3-192）。

（11）选中侧面的边进行挤压（图3-193、图3-194）。

（12）执行主菜单Edit Mesh（编辑多边形）→ Merge to Center（焊接到中心）并调整（图3-195、图3-196）。

（13）执行主菜单Edit Mesh（编辑多边形）→ Split Polygon Tool（分割多边形工具）（图3-197）。

（14）选中边进行挤压（图3-198～图3-200）。

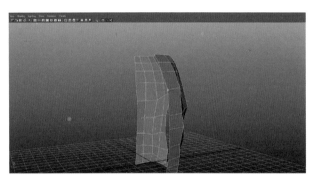

图3-191　吸附

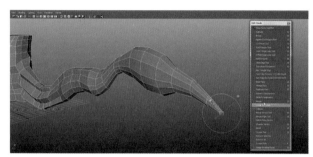

图3-195　焊接

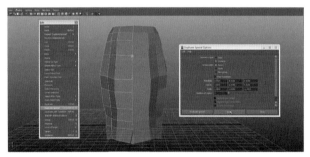

图3-192　镜像

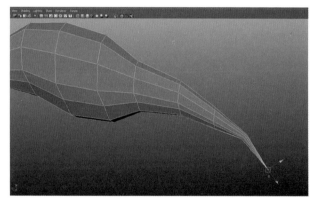

图3-196　调整

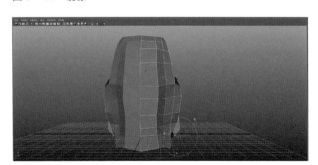

图3-193　挤压

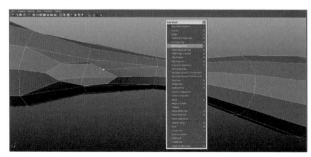

图3-197　分割多边形

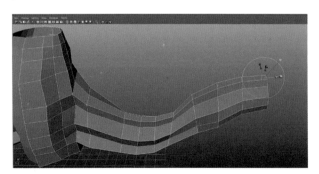

图3-194　继续挤压

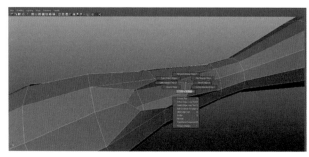

图3-198　挤压

（15）执行主菜单 Mesh（多边形）→ Combine（合并）（图 3-201）。

（16）执行主菜单 Edit Mesh（编辑多边形）→ Marge（焊接）（图 3-202）。

（17）执行主菜单 Mesh（多边形）→ Combine（合并），将头部与身体合并到一起（图 3-203、图 3-204）。

（18）执行主菜单 Edit Mesh（编辑多边形）→ Marge（焊接），在 Marge（焊接）的属性菜单中修改数值（图 3-205）。

（19）继续进行挤压，使风蛇的身体更加完整（图 3-206、图 3-207）。

（20）制作头部的其他部分（图 3-208、图 3-209）。

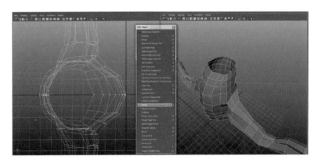

图 3-202　焊接

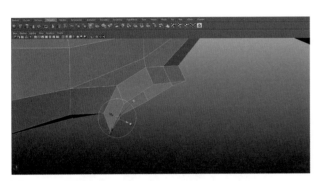

图 3-199　挤压

图 3-203　调整位置

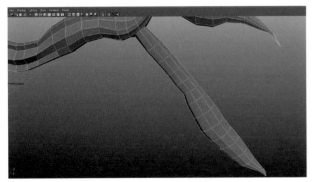

图 3-200　调整

图 3-204　合并

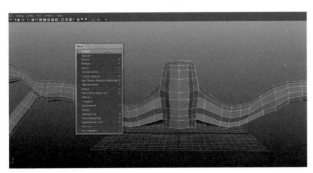

图 3-201　合并

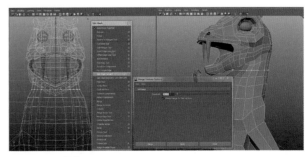

图 3-205　焊接

（21）创建一个立方体并调整，执行主菜单 Edit Mesh（编辑多边形）→ Insert Edge Loop Tool（插入循环边工具）（图 3-210 ~ 图 3-212）。

（22）创建一个圆柱体并调整（图 3-213、图 3-214）。

（23）执行追加多边形工具并调整（图 3-215、

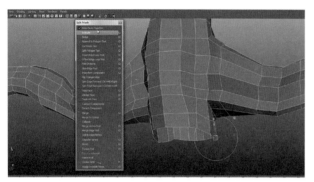

图 3-206　挤压

图 3-210　插入循环边

图 3-207　调整

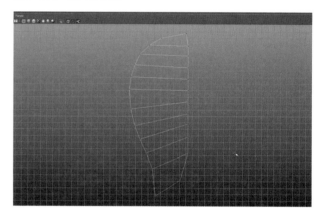

图 3-211　调整

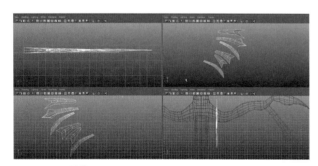

图 3-208　调整

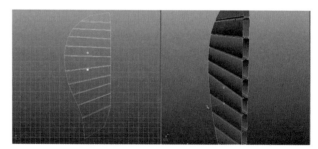

图 3-212　效果

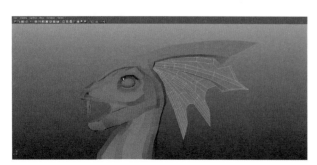

图 3-209　效果

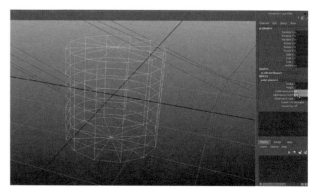

图 3-213　创建圆柱体

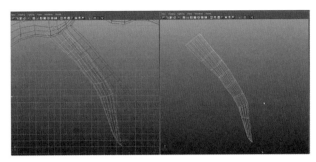

图 3-214　调整

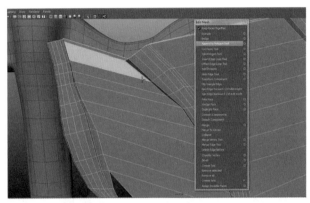

图 3-215　添加多边形

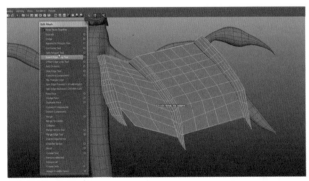

图 3-216　调整

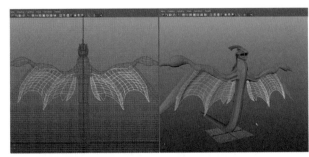

图 3-217　羽翼

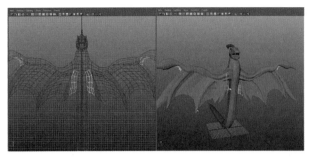

图 3-218　调整

图 3-219　完成

3-216)。

（24）继续调整羽翼，丰富其细节（图 3-217、图 3-218）。

（25）渲染输出（图 3-219）。

3.10　甲壳虫汽车制作实例

本实例主要使用多边形的 Extrude（挤压）、Append to Polygon Tool（追加多边形）、Split Polygon Tool(分割多边形)、Mirror Geometry(镜像几何体) 和 Bend（弯曲）命令进行制作。

（1）导入参考图片。执行 View → Image Plane → Import Image,并对其参数进行调整（图 3-220）。

（2）创建一个面片，设置一定的段数，执行 Edit Mesh → Extrude（图 3-221）。

（3）为了使车前盖造型更加明显，执行 Edit Mesh → Insert Edge Loop Tool（插入环形边）进行细节调整（图 3-222、图 3-223）。

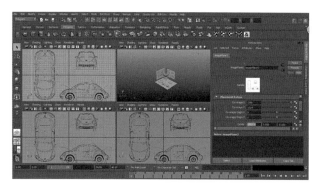

图 3-220　导入图片

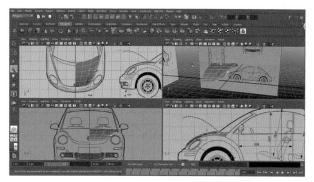

图 3-221　创建面片

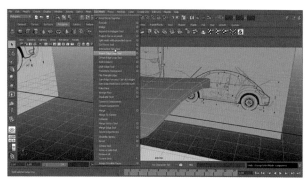

图 3-222　插入环形边

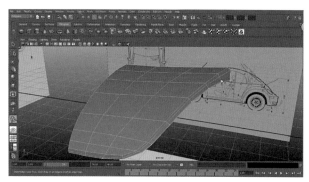

图 3-223　调整

（4）利用挤压命令挤压出前灯及两侧部分（图 3-224）。

（5）选择前灯轮廓的边，执行 Edit Mesh → Extrude（图 3-225）。

（6）继续挤压，执行 Edit Mesh → Append to Ploygon Tool 进行补面（图 3-226 ～ 图 3-228）。

（7）利用同样的方法，制作汽车的车身及尾部（图 3-229、图 3-230）。

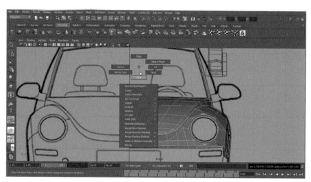

图 3-224　挤压

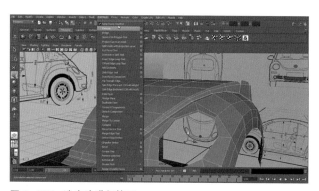

图 3-225　选中边进行挤压

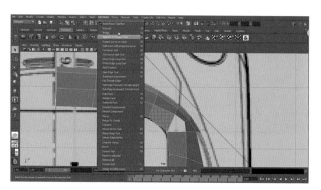

图 3-226　补面

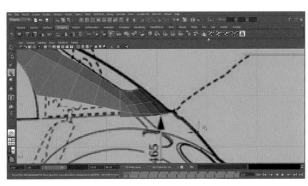

图 3-227　挤压

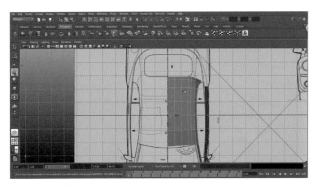

图 3-228　挤压

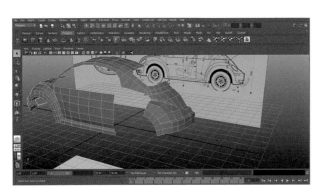

图 3-229　挤压

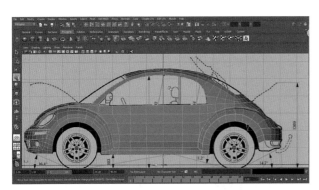

图 3-230　调整

（8）进行尾部细节造型，这样，整个车体的模型就完成了（图 3-231、图 3-232）。

（9）选取模型，进行镜像，复制出另一半，执行 Mesh → Mirror Geometry（图 3-233、图 3-234）。

（10）汽车车轮制作。同样从一个面片开始，也是从局部到整体的方法，这里不再赘述，制作时要注意细节的调整（图 3-235 ~ 图 3-237）。

（11）进行镜像复制并缝合（图 3-238 ~ 3-241）。

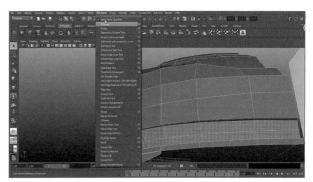

图 3-231　尾部挤压

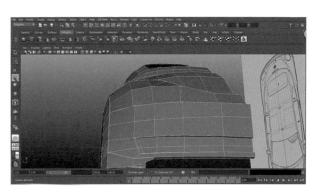

图 3-232　效果

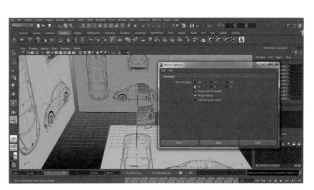

图 3-233　镜像

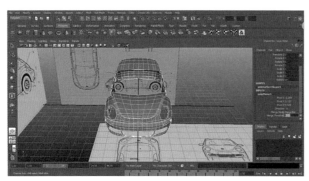

图 3-234 合并

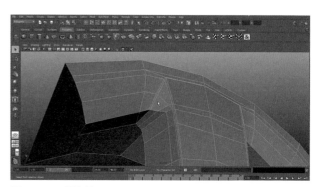

图 3-238 添加线

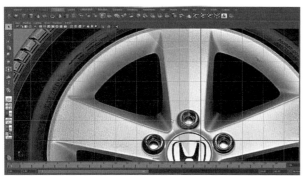

图 3-235 创建面片并调整

图 3-239 镜像

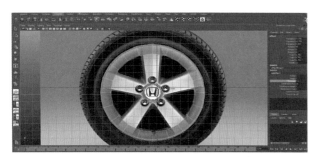

图 3-236 创建面片

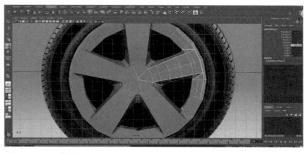

图 3-240 效果

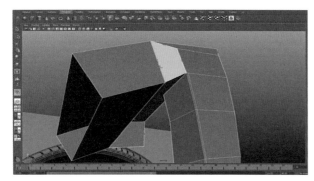

图 3-237 调整

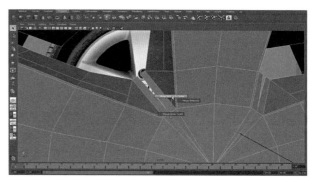

图 3-241 缝合

（12）制作标志部分，选中面进行挤压（图 3-242 ~ 图 3-248）。

（13）汽车轮胎制作。导入图片进行参考，创建面片，按照轮胎的纹路进行造型（图 3-249 ~ 图 3-252）。

（14）选择模型，执行命令 Create Deformers

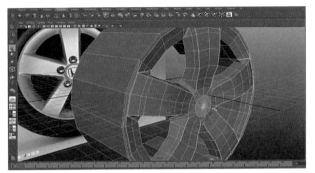

图 3-242　选中面

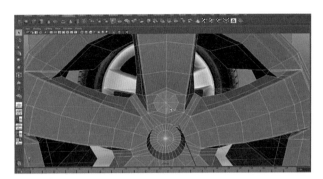

图 3-246　缝合

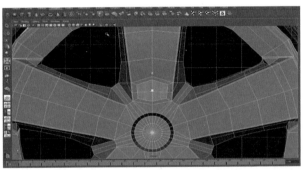

图 3-243　挤压

图 3-247　挤压

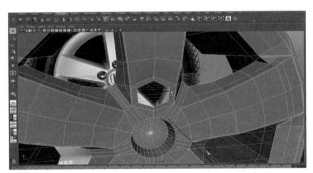

图 3-244　删除面

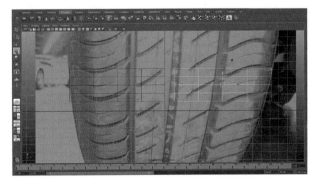

图 3-248　效果

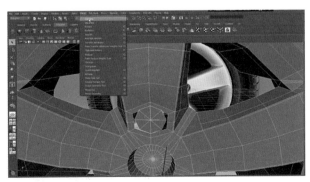

图 3-245　创建面

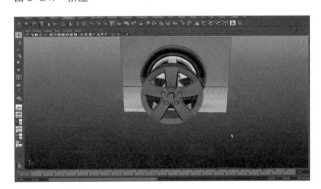

图 3-249　创建面片

→ Nonlinear → Bend（弯曲）（图 3-253、图 3-254）。

（15）调整大小与车轮一致。执行 Create Deformers → Lattice（晶格变形），调整造型（图 3-255、图 3-256）。

（16）将制作好的轮胎与车体合并为一个整体（图 3-257）。

（17）赋予材质与贴图，最终完成（图 3-258）。

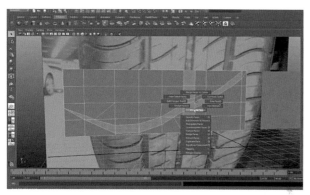

图 3-250 纹路挤压

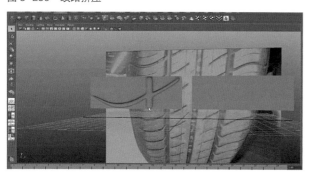

图 3-251 效果

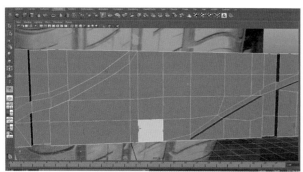

图 3-252 缝合

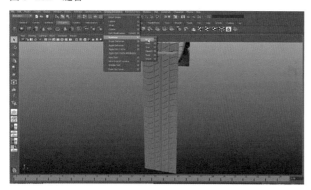

图 3-253 执行弯曲命令

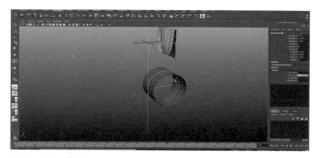

图 3-254 效果

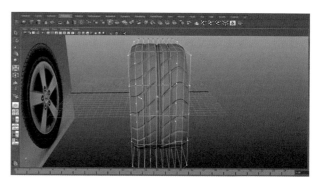

图 3-255 创建晶格变形

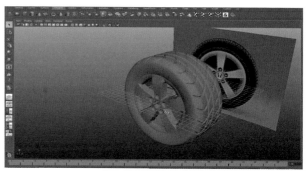

图 3-256 调整

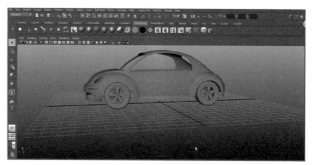

图 3-257 合并

图 3-258　完成

3.11　人头制作实例

在制作复杂的人头模型时，我们可以遵循先整体再局部或者从局部到整体的思路，本例就是先从角色的五官开始，最后完成整个头部建模的，这个根据个人的习惯与爱好而定。一般情况下，先备好角色的前视图、侧视图，以便导入 Maya 中进行参考。

本例主要使用多边形的 Extrude（挤压）、Append to Polygon Tool（追加多边形）、Split Polygon Tool（分割多边形）和 Mirror Geometry（镜像几何体）命令进行制作。

（1）导入参考图片。执行 View → Image Plane → Import Image（图 3-259），并对其参数进行调整（图 3-260）。

（2）新建一个面片，面片数为 1，将其移到眼睛处，将面片的形状、大小、角度进行适当的调整，然后执行 Edit Mesh 菜单中的 Extrude 挤压命令，围绕眼睛进行挤面（图 3-261）。

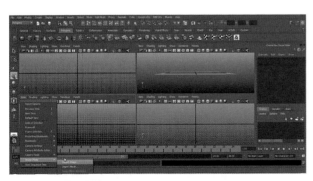

图 3-259　导入图片

（3）环绕眼睛挤面完成后，回到三维视图中对已建出的面进行位置调整，调整方式以点模式为主，对照侧视图共同调整（图 3-262、图 3-263）。

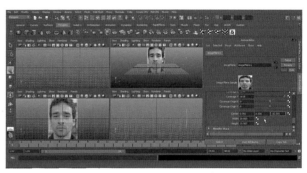

图 3-260　设置参数

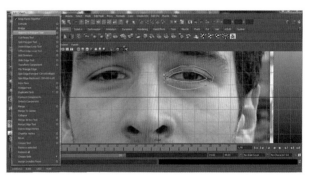

图 3-261　挤压

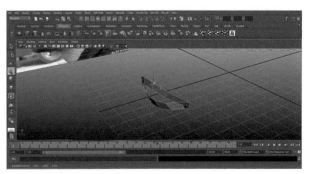

图 3-262　点调整

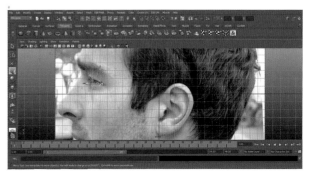

图 3-263　调整

（4）执行 Edit Mesh 菜单中的 Extrude 命令，从眼睛向鼻子进行挤面，并对挤出的面进行位置调整（图 3-264 ～图 3-266）。

（5）执行 Edit Mesh 菜单中的 Extrude 命令，从鼻子向嘴部进行延伸挤压（图 3-267、图 3-268）。

（6）将已建好的面进行位置调整（图 3-269），然后选择上嘴唇轮廓线，执行 Edit Mesh 菜单中的 Extrude 命令，挤出上唇（段数为 3），并且通过三视图对其进行位置调整，采用同样的方法制作出下嘴唇（图 3-270 ～图 3-273）。

（7）使用 Edit Mesh 中的 Append to Polygon Tool 工具对嘴唇内部的上、下唇进行补面操作（图 3-274）。

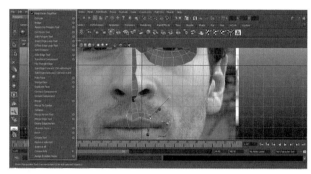

图 3-267　嘴部挤压

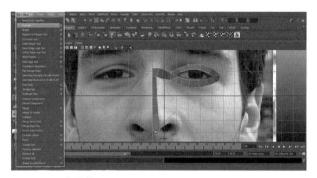

图 3-264　鼻子挤压

图 3-268　调整

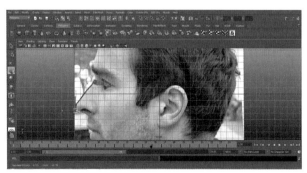

图 3-265　调整

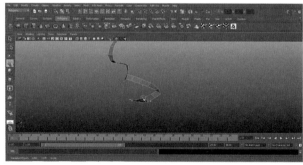

图 3-269　位置调整

图 3-266　效果

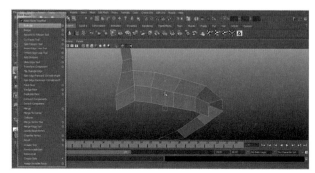

图 3-270　挤压

（8）执行 Edit Mesh 菜单中的 Extrude 命令，环绕鼻孔进行挤面操作，然后对挤出面进行位置调整（图 3-275、图 3-276）。

（9）执行 Edit Mesh 菜单中的 Extrude 命令，围绕鼻翼进行挤面操作（图 3-277），然后对照三视图，对已挤好的面进行位置调整（图 3-278）。

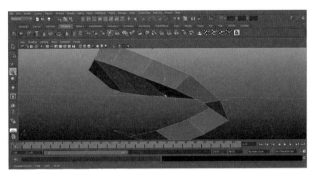

图 3-271　移动边

图 3-275　挤压

图 3-272　调整

图 3-276　调整

图 3-273　效果

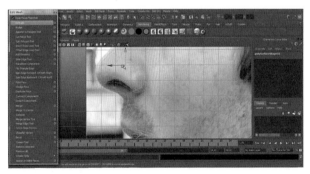

图 3-277　鼻翼挤压

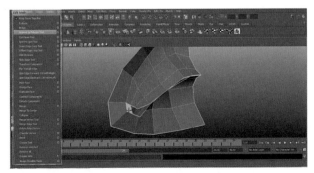

图 3-274　补面

图 3-278　调整

（10）执行 Edit Mesh 中的 Append to Polygon Tool 命令，填充鼻翼（图 3-279），然后对补好的面进行位置调整，而后对已建好的模型进行适当的补面和填充（图 3-280）。

（11）执行 Edit Mesh 菜单中的 Extrude 命令和 Append to Polygon Tool 工具对鼻子进行挤面和补面，使之更加完整，在挤压时，要由嘴巴向下巴进行适当的延伸（图 3-281、图 3-282）。

（12）执行 Edit Mesh 菜单中的 Extrude 命令，由下巴进行挤面，做出下颌骨，并将其延伸至太阳穴的位置（图 3-283～图 3-285）。

（13）使用 Append to Polygon Tool 工具，对延伸至太阳穴的面与眼睛进行补面操作（图 3-286）。

图 3-282　下巴挤压

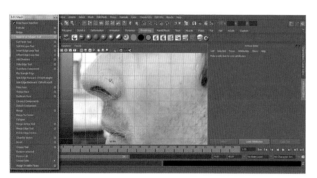

图 3-279　填充鼻翼

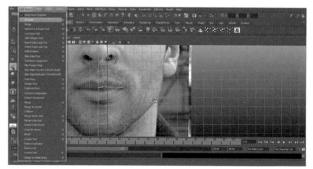

图 3-283　下颌骨挤压

图 3-280　调整

图 3-284　调整

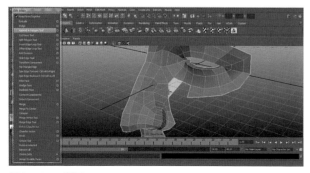

图 3-281　补面

图 3-285　挤压

（14）执行 Edit Mesh 菜单中的 Extrude 命令和 Append to Polygon Tool 工具，对人头的面部进行制作，先利用 Extrude 指令挤出中间面，再利用 Append to Polygon Tool 工具对其进行补面操作（图 3-287～图 3-289）。

（15）执行 Edit Mesh 菜单中的 Extrude 命令，由额头开始挤面，切换至侧视图，挤出头部的轮廓（图 3-290、图 3-291）。

（16）执行 Edit Mesh 菜单中的 Extrude 命令，从太阳穴开始环绕耳朵进行挤面（图 3-292）。

（17）开始制作头盖，先使用 Extrude 指令挤出中间面，再使用 Append to Polygon Tool

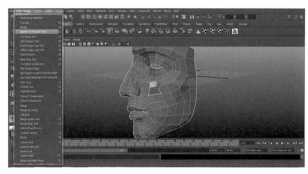
图 3-289　效果

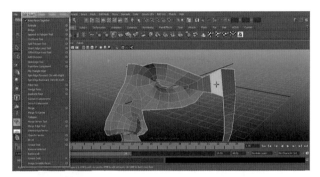
图 3-286　补面

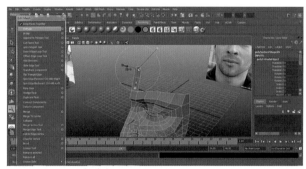
图 3-290　额头挤压

图 3-287　颧骨挤压

图 3-291　后脑勺挤压

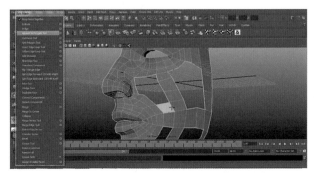
图 3-288　补面

图 3-292　挤压

工具进行补面操作，结合三视图，对已建好的模型进行调整（图 3-293、图 3-294）。

（18）耳朵的制作。因为耳朵的形状结构较为复杂，且制作起来面数较多，所以要单独进行制作，完成之后再使用缝合工具与头部进行缝合。使用 Edit Mesh 菜单中的 Extrude 命令，围绕耳朵的外耳轮廓进行挤面（图 3-295、图 3-296）。

（19）由外耳廓向内延伸，使用 Edit Mesh 菜单中的 Extrude 命令，挤出内耳的主要结构，同时对外耳轮廓进行局部调整（图 3-297）。

（20）对已建好的面进行位置调整，由于耳朵的面较多，且特征较为统一，所以在确定其形状时要求相对要宽松，也更考验建模者的空间思维能力（图 3-298）。

（21）对耳朵内部的空缺进行补面和挤面操作，然后调整其位置（图 3-299、图 3-300）。

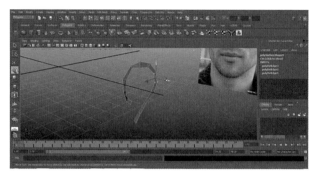

图 3-296　调整

图 3-293　补面

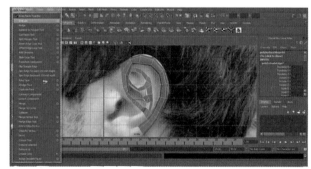

图 3-297　内耳挤压

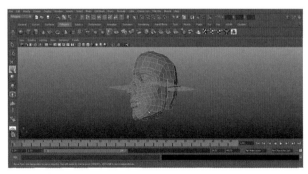

图 3-294　效果

图 3-298　位置调整

图 3-295　轮廓挤压

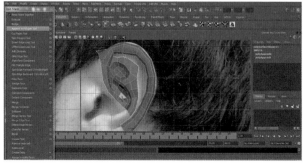

图 3-299　补面

　　（22）制作耳垂延伸部分，使用 Edit Mesh 菜单中的 Extrude 命令和 Append to Polygon Tool 工具挤压出耳垂（图 3-301 ～图 3-303）。

　　（23）制作耳孔，并对完成的耳朵进行局部调整（图 3-304 ～图 3-307）。

　　（24）将耳朵导入人头的场景中，执行 Mesh 菜单中的 Combine 命令将耳朵和人头合为一体（图 3-308）。

图 3-300　调整

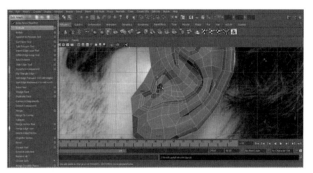

图 3-304　选择耳孔面

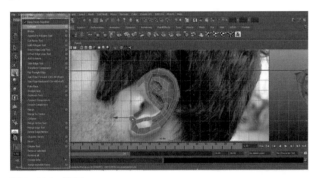

图 3-301　挤压

图 3-305　挤压

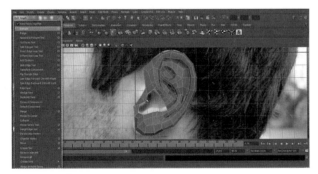

图 3-302　挤压

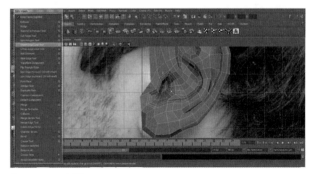

图 3-306　加线

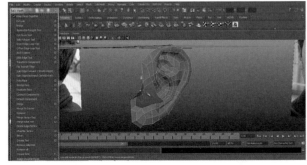

图 3-303　调整

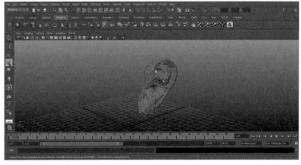

图 3-307　调整

（25）使用 Edit Mesh 菜单中的 Append to Polygon Tool 命令，对耳朵和头部之间的空隙进行补面操作（图 3-309、图 3-310）。

（26）将右耳后的面向颈部延伸，做出胸锁乳突肌，再由下巴向颈部延伸，然后调整其空间位置（图 3-311、图 3-312）。

（27）将后脑勺向后颈延伸，对胸锁乳突肌和后颈中间的空隙进行填充（图 3-313～图 3-316）。

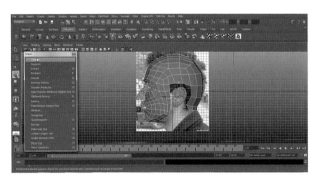

图 3-308　合并

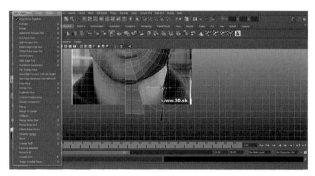

图 3-312　调整

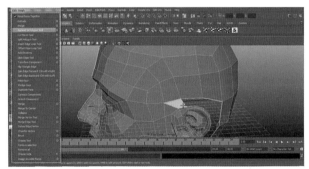

图 3-309　补面

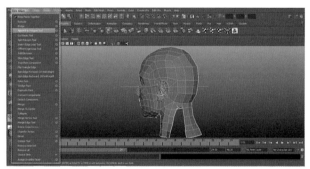

图 3-313　补面

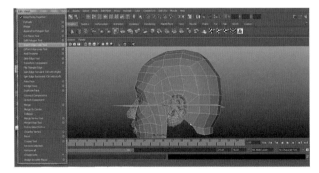

图 3-310　效果

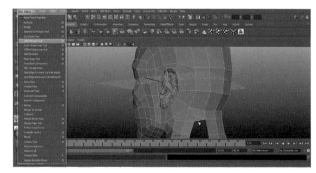

图 3-314　加线

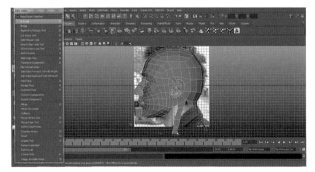

图 3-311　颈部挤压

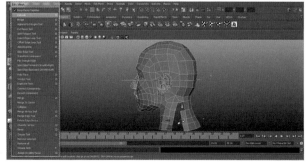

图 3-315　调整

（28）使用 Edit Mesh 菜单中的 Extrude 命令和 Append to Polygon Tool 工具，填补胸锁乳突肌与下巴延伸至颈部的面之间的空白（图 3-317、图 3-318）。

（29）使用 Edit Mesh 菜单中的 Split Polygon Tool（分割多边形）工具在喉咙处分割出线，后将标注的线删除，再进入点模式进行位置调整（图 3-319、图 3-320）。

（30）制作双眼皮部分，使用 Edit Mesh 菜单中的 Split Polygon Tool（分割多边形）工具在眼皮上分割出一条线（图 3-321）。

（31）选中刚分割出的线，执行 Edit Mesh 菜单中的 Bevel（倒角）指令，将其一分为二（图 3-322、图 3-323）。

图 3-319　分割

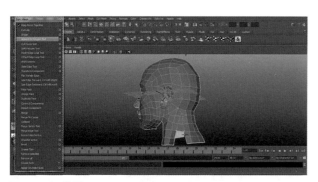

图 3-316　效果

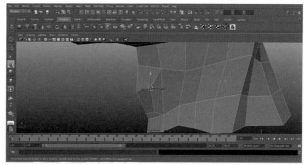

图 3-320　调整

图 3-317　挤压

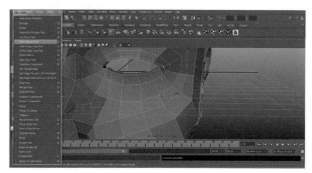

图 3-321　分割

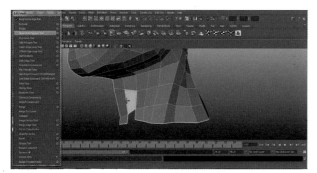

图 3-318　补面

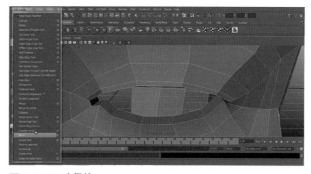

图 3-322　选择线

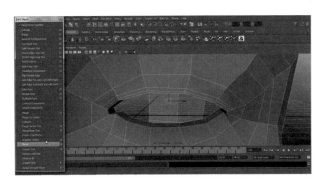

图 3-323　倒角

图 3-324　选择线

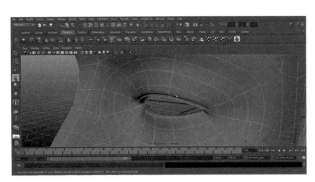

图 3-325　挤压

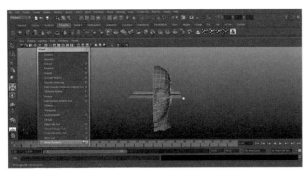

图 3-326　选择半个人头

（32）双眼皮制作。选中中间的线，向内部挤压（图 3-324、图 3-325）。

（33）选择半个人头，执行 Mesh 菜单中的

图 3-327　镜像

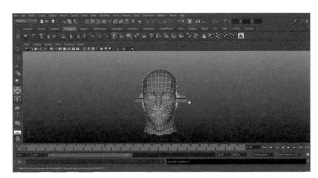

图 3-328　效果

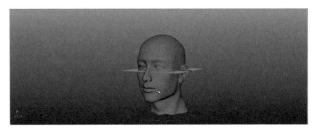

图 3-329　完成

Mirror Geometry（镜像几何体）命令，镜像复制出另外一半人头（图 3-326 ~ 图 3-328）。

（34）完成效果（图 3-329）。

3.12　实时训练题

1．简述多边形建模的优、劣势。

2．根据创建角色模型的布线规律，制作自己的头部模型。

3．依据风蛇实例的整体思路，制作一个非生物模型。

4．完成一个小女孩的卧室的场景模型。

第 4 章　NURBS 曲面建模

4.1　NURBS 概述

　　NURBS 是 Non Uniform Rational B-Spline（非均匀有理 B 样条）曲线或曲面的首字母的缩写。Spline 的含义是样条曲线，它来源于早期的造船业，是一种通过一组点来描绘一条光滑曲线的方法。实际上是通过一些固定的金属球码，并将一根木条穿过它们，由于球码的挤压而产生木条的弯曲形变，从而形成光滑的曲线，这根木条就称为 Spline（样条）。球码的重量决定了在这一点处木条的变形强度，称为 Weight（权重）。球码处木条的受力最大，随着远离球码，影响大小也逐渐衰减（图 4-1）。

　　NURBS 包含了 Conics（曲线）、Splines（样条曲线）、Beziers（贝塞尔曲线）三种曲线，并且它们都是参数化曲线，能够以最少的控制点产生优秀的连续性三维曲线，用于 3D 模型的设计，控制点决定了曲线的形态（图 4-2）。

4.1.1　曲线基础

　　通常三维模型的制作都是由曲线开始的，将一组组曲线以各种不同的方式生成曲面，拼接成三维模型。

　　曲线由控制点、编辑点、壳线等基本元素组成（图 4-3、图 4-4）。

　　曲线的类型：分为 CV 曲线、EP 和 Bezier 曲线（图 4-5）。

　　CV：通过控制点来绘制曲线。

图 4-1　球码和木条确定的曲线

图 4-3　曲线组成元素

图 4-2　使用 NUEBS 建模技术制作的汽车

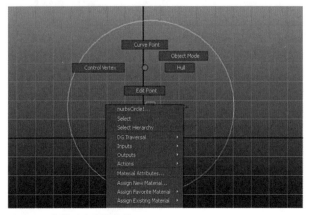

图 4-4　曲线元素右键菜单

EP：通过编辑点来绘制曲线。

Bezier：贝塞尔曲线工具是 Maya 2011 的新功能，通过正切手柄，可以对贝塞尔曲线的切角进行调节，是一项很重要的新功能。

曲线精度：精度值越大，其曲线越圆滑（图4-6、图4-7）。

Degree=1 产生连续的直线段。

Degree=2 产生切线连续的曲线。

Degree=3 产生光滑的曲线，这是最常用的曲线级数，用较少的点产生出光滑的曲线。

4.1.2　曲面基础

曲面是由曲线通过各种方式定义的可渲染的物件，是三维模型的主要组成部分。

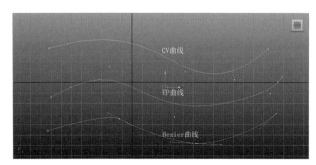

图 4-5　曲线类型

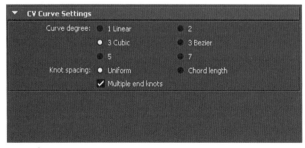

图 4-6　曲线精度设置面板

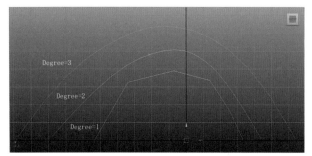

图 4-7　曲线的 Degree 级数

曲面由控制点、ISO 参考线、曲面点、曲面面片、壳线等元素组成，比曲线的组成更加复杂（图4-8）。

4.2　NURBS 基本几何体

NURBS 基本几何体（图 4-9）。

4.2.1　Sphere（球体）

球体属性面板（图 4-10）。

参数：

Start/End Sweep Angle（开始／结束扫描角度）：设置形成曲面的度数，可以产生局部的球面（图 4-11）。

Radius（半径）：设置球体的半径大小。

Surface Degree（曲面精度）：设置曲面的精度类型，Linear（线性）产生不光滑的曲面，Cubic（三次方）产生光滑的曲面。

Use Tolerance（使用容差）：这是另一种控

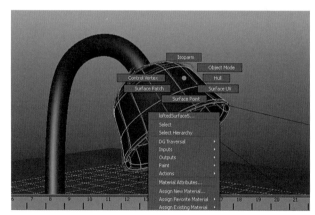

图 4-8　曲面的构成元素

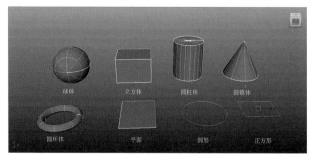

图 4-9　NURBS 的基本几何体

制曲面精度的方法，提供更多的片段划分，主要
用于一些给定了容差的创建要求，缺省为（None）
关闭状态。

Local（局部）

Global（全局）

Number of Section（纵段数）：设定球面纵
向的片段划分数，最小值为 4，保证一个球面的最
低限度。

Number of Spans（横段数）：设定球面水平
片段划分数（图 4-12）。

4.2.2　Cube（立方体）

立方体属性面板（图 4-13）。

参数：

Width（宽度）：设定整个立方体的大小比例。

Ratio of Length/Height to Width(长宽比、
高度比)：设定立方体的长宽比例或宽高比例，产
生非正方体。

Surface Degree（曲面精度）：设置不同类型
的曲面精度。

U/V Patches（U/V 向面片数）：设置两个
方向上面片的划分数目（图 4-14）。

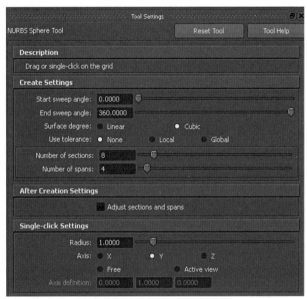

图 4-10　球体的创建参数

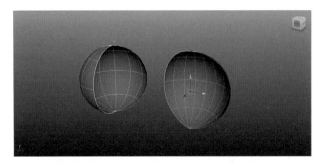

图 4-11　创建局部球体

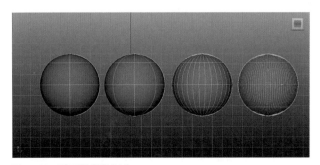

图 4-12　球面的段数划分

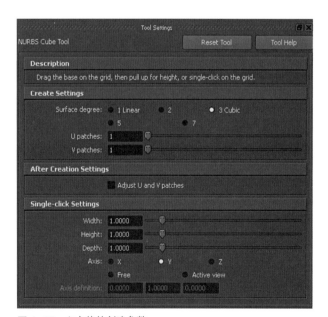

图 4-13　立方体的创建参数

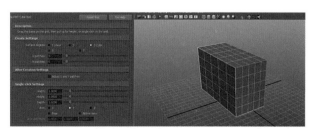

图 4-14　立方体的面片划分数目

4.2.3   Cylinder（圆柱体）

圆柱体属性面板（图 4-15）。

参数：

Start/End Sweep Angle（开始 / 结束扫描角度）：设置形成曲面的度数，可以产生局部的圆柱体。

Radius（半径）：设置圆柱体的大小（以底面半径为基准）。

Ratio of Height to Radius（高度半径比）：设置圆柱体的高度（相对于底半径的比例）。

Surface Degree（曲面精度）：设置不同类型的曲面精度，产生棱柱和圆柱两种类型。

Caps（封盖）：设置圆柱体两端是否进行封闭。

Bottom（底）：创建底盖。

Top（顶）：创建顶盖。

Both（全部）：创建顶盖和底盖。

Extra Transform on Caps（添加盖变换）：当选择了封盖后，缺省状态下盖和圆筒是一个结合体，不能分割；如果打开此项，盖将作为圆筒的子物体，可以进行分离操作（图 4-16）。

Use Tolerance（使用容差）：这是另一种控制曲面精度的方法，提供更多的片段划分，主要用于一些给定了容差的创建要求，缺省为（None）关闭状态。

Number of Section/Spans（纵 / 横段数）：分别设置圆柱体纵向和水平方向的面片划分数。

4.2.4   Cone（锥体）

锥体属性面板（图 4-17）。

参数：

Start/End Sweep Angle（开始 / 结束扫描角度）：设置形成曲面的度数，可以产生局部的锥面。

Radius（半径）：设置锥体的大小（以底面半径为基准）。

Ratio of Height to Radius（高度半径比）：设置锥体的高度（相对于底半径的比例）。

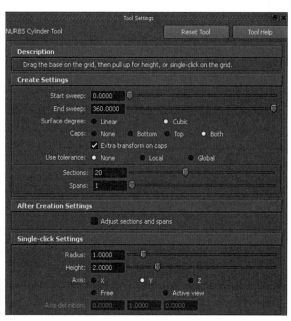

图 4-15   圆柱体的创建参数

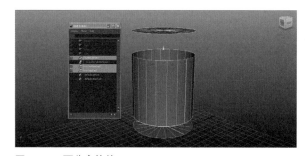

图 4-16   可分离的盖

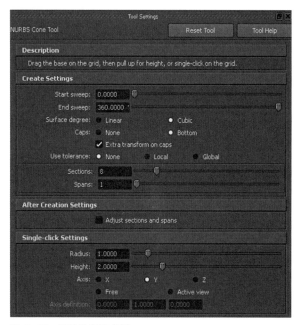

图 4-17   锥体的创建参数

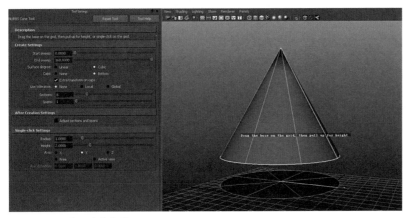

图 4-18　锥体可分离的盖

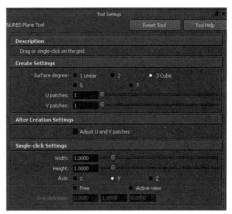

图 4-19　平面的创建参数

Surface Degree（曲面精度）：设置不同类型的曲面精度，产生棱锥和圆锥两种类型。

Caps（封盖）：设置是否产生锥体的底面。

Bottom（底）：创建锥体底面。

Extra Transform on Caps（添加盖变换）：当选择了封盖后，缺省状态下底面和锥面是一个结合体，不能分割；如果打开此项，盖将作为圆筒的子物体，可以进行分离操作（图 4-18）。

Use Tolerance（使用容差）：这是另一种控制曲面精度的方法，提供更多的片段划分，主要用于一些给定了容差的创建要求，缺省为（None）关闭状态。

Number of Section/Spans（纵／横段数）：分别设置锥体纵向和水平方向的面片划分数。

4.2.5　Plane（平面）

平面属性面板如图 4-19 所示，效果如图 4-20 所示。

参数：

Width（宽度）：设定平面的大小，以宽度值为基准等比调节。

Ratio of Length to Width（长宽比）：设定平面的长宽比，产生非正方形的矩形面。

Surface Degree（曲面精度）：设置不同类型的曲面精度。

U/V Patches（U/V 向面片数）：设置两个方向上面片的划分数目。

4.2.6　Torus（圆环体）

圆环体属性面板（图 4-21）。

参数：

Start/End Sweep Angle（开始／结束扫描角度）：设置圆环体在圆周上的度数，产生不完整的圆环。

Minor Sweep Angle（辅助扫描角度）：设置在截面圆周上的度数（图 4-22）。

Radius（半径）：设置圆环体的大小。

Minor Radius Radio（辅助半径比）：设置截面圆形半径比例，产生不同粗细的圆环体。

Surface Degree（曲面精度）：设置不同类型的曲面精度。

Use Tolerance（使用容差）：这是另一种控制曲面精度的方法，提供更多的片段划分，主要用于一些给定了容差的创建要求，缺省为（None）关闭状态。

Number of Section/Spans（纵／横段数）：

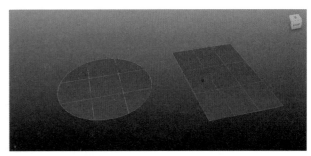

图 4-20　创建平面

图 4-21 圆环体的创建参数

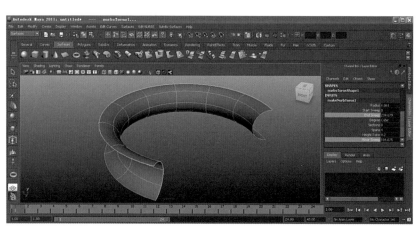

图 4-22 圆环体的扫描角度

分别设置圆周和截面圆周上的片段划分数。

4.2.7 Circle（圆形）

产生的不是曲面,而是标准的NURBS曲线(图4-23)。

4.2.8 Square（方形）

产生的不是曲面,而是标准的NURBS曲线(图4-24)。

4.3 Edit Curves 编辑曲线

Maya 提供了一系列曲线编辑工具,来创作复杂结构的曲线,添加更多的细节。通过 Edit Curves（编辑曲线）菜单中的命令,可以调用曲线编辑工具（图 4-25）。

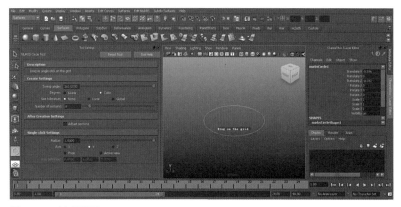

图 4-23 创建圆形

图 4-24 创建立方体

图 4-25 编辑曲线菜单

其包含以下内容：

Duplicate Surface Curves（复制表面曲线）

Attach Curves（结合曲线）

Detach Curves（分离曲线）

Align Curves（对齐曲线）

Open/Close Curves（打开／闭合曲线）

Move Seam（移动接缝）

Cut Curve（剪切曲线）

Intersect Curves（相交曲线）

Curve Fillet（曲线倒角）

Insert Knot（插入节点）

Extend（扩展）

Offset（偏移）

Reverse Curve Direction（反转曲线方向）

Rebuild Curve（重修曲线）

Fit B-Spline（适配 B 样条线）

Smooth Curve（光滑曲线）

CV Hardness（控制点硬化）

Add Points Tool（加点工具）

Curve Editing Tool（曲线编辑工具）

Project Tangent（投射曲线）

Modify Curves（修改曲线）

Bezier Curves（贝塞尔曲线）

Selection（选择）

1.Duplicate Surface Curves（复制表面曲线）

Duplicate Surface Curves（复制表面曲线）工具主要用于复制提取 NURBS 物体表面上的曲线，包括结构线、剪切线和 ISO 线等。需要注意的是，复制出来的曲线和原有曲面是相互关联的，必须删除复制曲线的历史记录，才能将曲线独立出来，Group with Original 表示复制出的曲线与原物体同组，Visible Surface Isoparms 选项用来切换 NURBS 物体表面上的结构线是 U 方向还是 V 方向，默认情况下是两者都是（图 4-26、图 4-27）。

2.Attach Curves（结合曲线）

Attach Curves（结合曲线）用于将断开的曲线结合成一条曲线。选择两条曲线，然后执行该命令即可。如果两条曲线并不相交，曲线结合时会产生不同的效果（图 4-28）。

该命令在曲线编辑时经常使用，在用 NURBS 曲线创建模型时，无法直接产生直角的硬边，这是由 NURBS 曲线本身特有的性质所决定的，可以通过使用该命令将不同级数的曲线结合在一起。熟练掌握该命令可以使用户创建出复杂的曲线（图 4-29）。

Attach Method(结合方式)：曲线结合的模式，包含 Connect（连接）和 Blend（融合）两种。

Multiple Knots（多重节点）：当激活 Connect

图 4-26　复制表面曲线属性面板

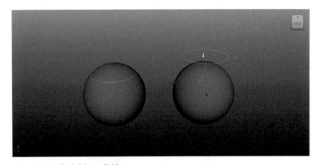

图 4-27　复制表面曲线

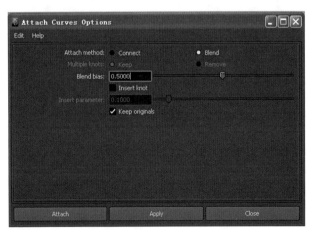

图 4-28　结合曲线属性面板

模式时，可以控制是否保留结合处的多重节点。

Blend Bias(混合偏移)：当激活 Blend 模式时，可以控制结合曲线的连续性。

图 4-29　结合曲线

图 4-30　分离曲线

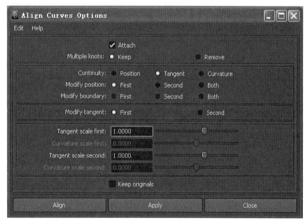

图 4-31　对齐曲线属性面板

图 4-32　对齐曲线

Insert Knot（插入节点）：控制是否在结合处插入节点。

Keep Originals（保留原始曲线）：控制结合后是否保留原有曲线。

3.Detach Curves（分离曲线）

Detach Curves（分离曲线）与 Attach Curves 命令相反，用于将曲线分离打断。在曲线点或者编辑点的模式下，在曲线上选择一个点来确定断开的位置，然后执行该命令（图 4-30）。按键盘上的 Shift 键可以选择多个位置进行分离。

4.Align Curves（对齐曲线）

Align Curves（对齐曲线）可以将两条曲线端点与端点对齐在一起，在修改选项设置时也可以将两条曲线结合成新的曲线（图 4-31、图 4-32）。

5.Open/Close Curves（打开／闭合曲线）

Open/Close Curves（打开／闭合曲线）主要用于将开放的曲线封闭或将封闭的曲线打开（图 4-33）。

打开／闭合曲线的方式有三种：Ignore(忽略)、Preserve（保持）和 Blend（混合）。

Blend Bias 表示 Blend 单选按钮处于选中状态时，可以控制打开／闭合曲线的连接性。Keep Original 设置打开／闭合曲线后是否保持原有的曲线。

6.Move Seam（移动接缝）

Move Seam（移动接缝）用于移动闭合曲线上的起始点，曲线的起始点直接关系到曲面的形成（图 4-34）。

图 4-33　打开或闭合曲线

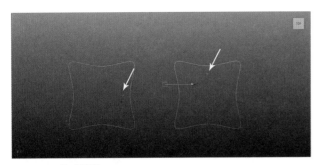

图 4-34　移动接缝

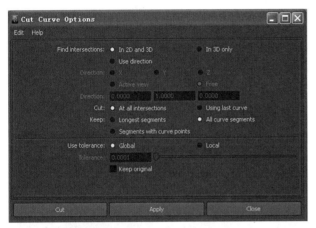

图 4-35　剪切曲线属性面板

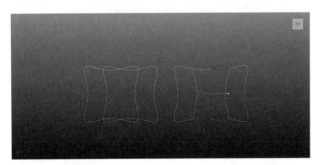

图 4-36　剪切曲线

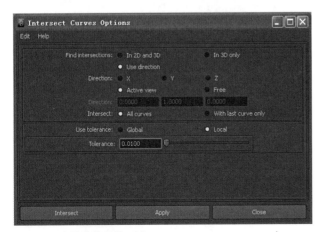

图 4-37　相交曲线属性面板

7.Cut Curve（剪切曲线）

Cut Curve（剪切曲线）用于计算出多条曲线的交叉点后再从交叉点处剪切曲线（图 4-35、图 4-36）。

Find Intersections（寻找交叉点）：选择不同的模式来计算出交叉点。In 2D and 3D 是在二维和三维视图中计算出交叉点。In 3D Only 是曲线在三维空间中相交时，计算出交叉点。Use Direction 是在任意指定方向上计算出交叉点。

Direction（方向）：当 Find Intersections 模式为 Use direction 时，该选项被激活。X，Y，Z 为选择的交叉点的投射平面。Free 是手动输入的投射角度，用于精确定位投射角度。Active View 是手动针对当前视图角度来计算交叉点。

Cut（剪切）：选择剪切模式。At All Intersections 选项是对所有交叉的曲线都进行剪切，没有切割曲线的分别。Using Last Curve 选项是将最后选择的曲线作为剪切曲线，其他曲线是被剪切的曲线，最后选择的曲线不被剪切。

Keep（保持）：选择保留模式。Longest Segments 是保留被剪切曲线中最长的一段，其他短的部分将被删除。All Curve Segments 是保留所有剪切后的线段。Segments with Curve Points 是按照选择的曲线点进行保留。

Use Tolerance（使用容差）：设置容差值来划分曲线。选择 Local 可以激活 Toleranc，容差值以下的曲线将被剪切。

Kccp Original（保留原始物体）：在剪切曲线后是否保留原有曲线。默认是取消状态，将直接剪切原曲线。

8.Intersect Curves（相交曲线）

Intersect Curves（相交曲线）用于显示在一条或多条曲线上的交点。计算出的交点可作为 Cut Curve 和 Detach Curves 命令的定位点，也可用于对捕捉物体的定位。计算出的定位点将会随着曲线的运动而改变位置（图 4-37、图 4-38）。

注意：在求一个曲线和一个曲面上的曲线的交叉点时，可以先用 Duplicate Surface Curves

命令复制出曲面上的曲线，然后计算出曲线和复制出的曲线的交点。

Intersect Curves 命令的属性和 Cut Curve 命令的属性相比，除了没有剪切功能外，其他内容都是一样的。可以参照 Cut Curve 命令的属性来理解。

9.Curve Fillet（曲线倒角）

Curve Fillet（曲线倒角）用于在两条曲线间或曲线与曲面上的曲线间创建一个圆弧形的过渡曲线（图 4-39、图 4-40）。

Trim（剪切）：是否对创建曲线倒角进行剪切处理，默认为取消选中状态。

Join（接合）：连接选项，是否将创建的过渡曲线和原曲线连接成一个曲线，默认为取消选中状态，曲线各自独立。

Keep Original（保留原始曲线）：是否保持原始曲线。

Construction（创建）：构建过渡曲线的方式，有 Circular 和 Freeform 两个选项。Circular 是将处于同一平面内的曲线创建为过渡曲线，可以调节圆角的半径大小，但是不能改变状态。Freeform 用于在曲线与曲面上的曲线间创建过渡曲线。

Freeform Type（自由类型）：此选项只在自由倒角方式时才被激活，主要有 Tangent、Blend 和 Blend Control，Blend Control 是由 Depth 和 Bias 分别控制倒角的曲率和偏移值的大小。

10.Insert Knot（插入节点）

Insert Knot（插入节点）用于在曲线指定位置上插入新的节点。该命令不改变曲线的基本形状，主要是增加曲线的段数，可以用于细化曲线，配合 Shift 键可以添加多个曲线点（图 4-41、图 4-42）。

如果我们要在曲线上添加新节点，首先右击选择 Curve Point 模式，然后在曲线上需要设置新节点的位置单击，同时按住 Shift 键，就能同时设置多个新节点。

Insert Iocation（插入位置）：设置插入点的位置，At Selection 是用户选择位置插入，

Between Selections 是在被选择的原节点处插入新的节点。

Mulitiplicity（多样性）：设置插入新点模式，Set to 模式是按照设置好的数值进行插入，原位

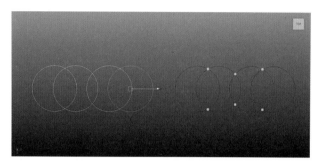

图 4-38 相交曲线

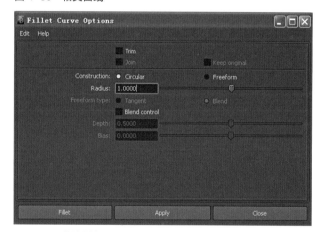

图 4-39 曲线倒角属性面板

图 4-40 曲线倒角

图 4-41 插入节点属性面板

置的点将被新节点代替，Increase by 是按照设置
好的数值插入新的节点，原节点保留。

Keep Original（保留原始物体）：选中该复
制框将保留原曲线，只改变复制出新曲线的节点，
这样，能对一条曲线做多次不同的改变。

11.Extend（扩展）

Extend（扩展曲线）用于对曲线进行拉伸。
根据曲线类型的不同，Extend 命令分为 Extend
Curve 和 Extend Curve on Surface。Extend
Curve 命令用于对标准曲线进行拉伸，Extend
Curve on Surface 命令用于对曲面上的曲线进行
拉伸（图 4-43、图 4-44）。

Extend Curve 命令可以对曲线任意一端进行
拉伸。曲线拉伸部分可以是直线，也可以是曲线，
长度可以任意调节，也可以通过定位一个坐标点
来精确拉伸曲线。

12.Offset（偏移）

Offset（偏移曲线）用于创建一条相对于原始
线或 NURBS 物体上的曲线的偏移曲线，相当于
创建一条平行线，可以用来制作倒角（图 4-45 ~
图 4-47）。

图 4-44　扩展曲线

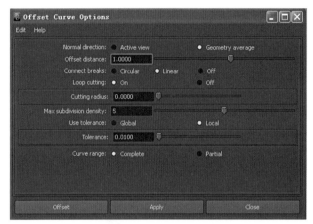

图 4-45　偏移曲线属性面板

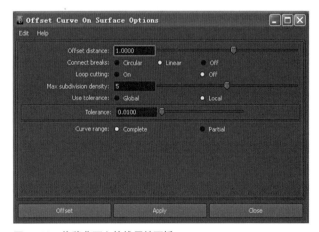

图 4-46　偏移曲面上的线属性面板

图 4-42　插入节点

图 4-43　扩展曲面上的曲线属性面板

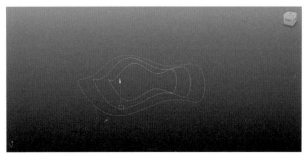

图 4-47　偏移曲线

Normal Direction（法线方向）：设置偏移曲线偏移的法线方向。Active View 是以当前的正交视图作为偏移的方向，一般用于处于同一平面的二维曲线；Geometry Average 是按照几何平均值计算偏移方向，一般用于处于三维空间的曲线。

Offset Distance（偏移距离）：设置相对于原曲线的偏移程度和方向，正数是向外扩张，负数是向里收缩。

Connect Breaks（连接断点）：当偏移曲线点的张力过大，造成曲线有断裂时，系统会按照设置过渡断裂处。Circular 是以圆弧方式连接；Linear 是以线性方式连接；Off 是不对断裂处作处理。

Loop Cutting（环状剪切）：避免同一平面内曲线作内偏移时出现曲线相交现象，自动对曲线作剪切。

Cutting Radius（半径剪切）：设置剪切角半径，使剪切处过渡圆滑。

Max Subdivisions Density（最大细分密度）：设置偏移最大细分程度。

Use Tolerance（使用容差）：设置公差使用坐标系。Global 是全局坐标系；Local 是自身坐标系。

Tolerance（公差）：设置公差值。

Curve Range（曲线范围）：设置曲线范围。Complete 是创建出较原曲线完整的偏移曲线；Partial 是针对偏移曲线，在通道盒内添加 Min Value 和 Max Value 属性，调节偏移部分。

13. Reverse Curve Direction（反转曲线方向）

Reverse Curve Direction（反转曲线方向）工具用于反转曲线上的 CV 控制点的顺序。反转 CV 的控制点对曲线最大的影响是反转了曲线开始和结束的方向，但对曲线本身的形状没有影响。反转 CV 点后，曲线 UV 方向也被改变，如果使用曲线作为路径动画的原路径，将同样反转物体运动方向。打开属性窗口 Keep Original 设置是否保留原曲线。原曲线与新曲线保留了对应点的关系，可以通过改变原曲线来影响新曲线。

14. Rebuild Curve（重建曲线）

Rebuild Curve（重建曲线）工具用于对结构好的曲线上的点进行重新修整（图 4-48、图 4-49）。

Rebuild Type（重修类型）：设置重建类型。Uniform 是使用相同的参数均匀重建曲线，可以改变曲线的 Span（段数）和 Degree（度数）；Reduce 是简化曲线精度，通过设置参数 Tolerance 来简化曲线；Match Knots 是通过设置一条参考线来重建原曲线，可重复执行，原曲线将无穷趋向于参考曲线形状；No Multiple Knots 是通过删除曲线上的多重点来简化曲线点数，但保持曲线精度；Curvature 是为曲线添加更多的编辑点，可以提高曲线的曲率，提高精度；End Conditions 是将曲线的重点指定后除去重合点。

Parameter Range（参数范围）：设置重建曲线的参数。0 to 1 是设置曲线的范围为 0～1.0；Keep 是保持曲线原参数范围；0 to #Spans 是提供节点的整数值，每个节点的参数将被整数代替。

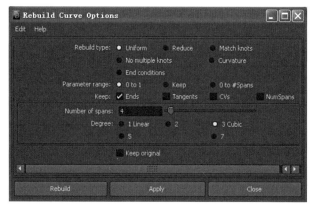

图 4-48　重修曲线属性面板

图 4-49　重修曲线

Keep（保持）：设置重建曲线对原有线保留的内容，有 End（结束点），Tangents（切线），CV（控制点），Num Spans（段数）。

Number of Spans（曲线的跨距数目）：设置曲线的分段数。Rebuild Type 类型设置为 Uniform 时被激活。

Degree（曲率）：设置曲线精度。

Keep Original（保留原始物体）：保留原曲线。

15.Fit B-Spline（适配 B 样条线）

Fit B-Spline（适配 B 样条线）工具能够依据维度数为一次曲线创建出三次曲线。使用方法：选择一次曲线，执行该命令，则产生三次曲线（图 4-50）。

16.Smooth Curve（光滑曲线）

Smooth Curve（光滑曲线）工具用于平滑创建的曲线形状。Smooth Curve 只是优化曲线上点的位置使曲线看起来光滑，并不改变点的数量，Smooth Curve 对以下曲线类型不起作用：封闭曲线、曲面上的曲线和 ISO 参数线（图 4-51、图 4-52）。

Smoothness（光滑度）：表示设置平滑程度，0 为不平滑，数值越高平滑越明显。

Keep Original（保留原始物体）：表示保留原曲线。

17.CV Hardness（控制点硬化）

CV Hardness（控制点硬化）用于控制 Degree 为 3 的曲线的 CV 控制点的多样性因数（图 4-53）。

18.Add Points Tool（加点工具）

Add Points Tool（加点工具）用于为曲线增加延长点，增加的点不是在曲面上，而是作为曲线延长的部分（图 4-54）。

19.Curve Editing Tool（曲线编辑工具）

Curve Editing Tool（曲线编辑工具）用于对已创建曲线的重新编辑。Curve Editing Tool 工具相当于在曲线任意位置上插入一个控制点，然后对该段数曲线作弯曲和缩放变形，控制点不受原曲线点的数量和位置的影响，可进行的操作

有切线缩放、改变切线方向、改变定点位置、参数位置、设置水平和垂直切线。

20.Project Tangent（映射相切）

Project Tangent（映射相切）工具用于改变

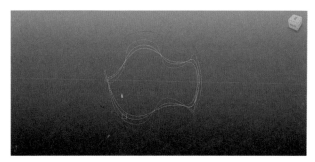

图 4-50　适配曲线

图 4-51　光滑曲线属性面板

图 4-52　光滑曲线

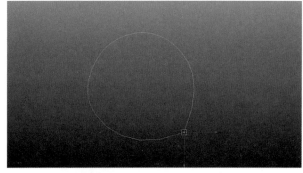

图 4-53　控制点硬化

图 4-54 加点工具

一条曲线端点的正切率，使之与另外两条相交曲线或一个曲面的正切率一致，曲线一端必须与两条曲线的交点或与曲面的一条边重合。

Construction（构造类型）：设置构造方式。Tangent 是切线模式；Curvature 是曲率模式。

Tangent Align Direction（切线对齐方向）：设置对齐的不同切线方向，U 是依照曲面的 U 方向或选择相交曲线第一条，V 是依照 V 方向或选择相交曲线第二条，Normal 是对齐曲线的法线到曲面或相交曲线的垂线上。

Reverse Direction（反转方向）：反转切线方向。

Tangent Scale（切线缩放）：设置切线的缩放比例。

Tangent Rotation（切线旋转）：设置切线的旋转。

Keep Original（保留原始物体）：保留原始曲线。

21.Modify Curves（修改曲线）

Modify Curves（修改曲线）工具用于对曲线点或形状进行修正，但不改变构成曲线点的数量。它包括 7 种工具：Lock Length（锁定长度）工具、Unlock Length（解锁长度）工具、Straighten（拉直）工具、Smooth（平滑）工具、Curl（卷曲）工具、Bend（弯曲）工具和 Scale Curvature（缩放曲率）工具。

Lock Length（锁定长度）：锁定曲线长度，曲线上的点只能在一个固定的范围内移动。

Unlock Length（解除锁定）：解除锁定状态。

Straighten（伸直）：将弯曲的曲线拉直。Staightness 设置拉伸率。数值等于 1，为直线；数值小于 1，会接近直线；大于 1，会拉伸过度。拉直曲线方向是曲线起点的切线方向。Straighten 可以只用于一端曲线。选择需要拉直的点，执行 Straighten 命令。Preserve Length 是保证曲线在过度拉伸变形的情况下总长度不变。

Smooth（光滑）：使曲线弯曲程度趋向平缓，多次 Smooth 后将趋向拉直效果。

Curl（卷曲）：作用于曲线中段，使整条曲线卷曲，曲线起始点固定不动。Curl Amount 表示卷曲强度，Curl Frequency 表示卷曲频率。

Bend（弯曲）：固定曲线起始点，拉动曲线末端点来弯曲曲线。Bend 命令作用的曲线更圆滑。Bend Amount 表示弯曲强度，Twist 表示扭曲曲线。

Scale Curvature（缩放曲率）：改变曲线的曲率，对直线无效。Scale Factor 是缩放因数，Max Curvature 是最大曲率。

22.Bezier Curves（贝塞尔曲线）

Bezier Curves（贝塞尔曲线）命令组是针对贝塞尔曲线进行修改和编辑的工具，使用时选择曲线直接调用该命令即可。

23.Selection（选择）

Selection（选择）工具用于选择曲线上的元素。Select Curve CVs 是选择曲线上的所有 CV 点。Select First CV on Curve 是选择曲线上第一个 CV 点。Select Last CV on Curve 是选择曲线上最后一个 CV 点。Cluster Curve 是一次对曲线上的所有 CV 点全部匹配 Cluster。

4.4 NURBS 成面工具

Surface 菜单中提供了 9 种以曲线创建曲面的工具，如图 4-55 所示。

其包含以下内容：

Revolve（旋转）

Loft（放样）

Planar（平面）

Extrude（挤压）

Birail（双轨）

Boundary（边界）

Square（四方）

Bevel（倒角）

Bevel Plus（附加倒角）

图 4-55　曲面菜单

1.Revolve（旋转）

Revolve（旋转）通过创建物体的曲线截面，使轮廓曲线沿着某一轴向旋转扫面，形成新的光滑的曲面（图 4-56、图 4-57）。

Axis Preset（旋转轴）：指定旋转的参考轴向，不同的轴向，旋转效果是不一样的（图 4-58）。

Pivot（轴心点）：设置曲面物体的轴心点，缺省值为世界坐标系（0，0，0）。

Surface Degree（曲面度）：定义曲面的精度。Linear（线性）为不光滑的直面，Cubic（三次方）

为圆滑的连续表面（图 4-59）。

Start/End Sweep Angle（开始 / 末端扫描角度）：定义扫描的起始位置和结束的位置。

Use Tolerance（定义容差）：定义曲面的容差值，设置的段数越多，创建的曲面越光滑。

Curve Range（曲线范围）：定义原始曲线的有效范围。

Output Geometry（输出几何体）：生成物体的几何体类型。

2.Loft（放样）

Loft（放样）命令是 Surface 曲面工具中最为常用的命令之一，通过创建一组连续的曲线，生成新的曲面。曲线本身定义了曲面的形状。该命令用法比较简单，先创建物体的轮廓线，按次序选中，执行命令即可生成新的曲面。需要注意的是，曲线的选择次序决定了曲面的形状（图 4-60、图 4-61）。

Parameterization（放样参数）：放样生成曲面 V 方向的参数。

Surface Degree（曲面精度）：定义曲面的精度。Linear（线性）为不光滑的直面，Cubic（三次方）为圆滑的连续表面（图 4-62）。

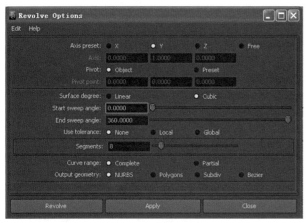

图 4-56　旋转命令属性面板

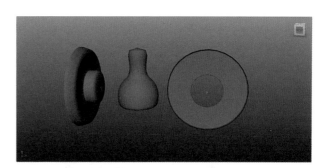

图 4-58　不同的旋转轴向

图 4-57　旋转成型曲面

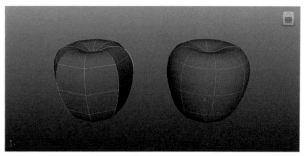

图 4-59　不同的精度旋转

Section Spans（生成段数）：生成曲面的轮廓线的段数。段数越多，生成曲面的精度越大，但同时也会增大系统负担（图4-63）。

Curve Range（曲线范围）：定义原始曲线的有效范围。

Output Geometry（输出几何体）：生成物体的几何体类型。

3.Planar（平面）

Planar（平面）是一条或多条曲线生成一个平面。要求曲线必须是闭合的、共面的，或是一组相交闭合的曲线。在实际制作中,Planar（平面）命令有很大的局限性，一般只将其应用于ISO参数线的平面形成（图4-64、图4-65）。

Degree（曲面精度）：定义曲面的精度。Linear（线性）为不光滑的直面，Cubic（三次方）为圆滑的连续表面。

Curve Range（曲线范围）：定义原始曲线的有效范围。

Output Geometry（输出几何体）：生成物体的几何体类型。

4.Extrude（挤压）

Extrude（挤压）命令是一个很实用的工具，它将一条轮廓曲线沿着一条路径曲线创建出曲面，这条轮廓曲线可以是任何类型的曲线。Extrude(挤压)命令的使用也很简单，选中轮廓线，再配合Shift键复选路径曲线，执行命令即可（图4-66、

图4-60　放样工具参数

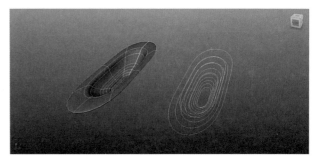
图4-61　放样成型曲面

图4-62　不同的精度放样

图4-63　设置放样的段数

图4-64　生成平面工具属性面板

图4-65　生成平面工具

图 4-67）。

Style（类型）：提供三种执行类型，后两种必须配合路径曲线才能使用。Distance：直接将轮廓曲线沿指定方向拉伸，不需要路径曲线的引导。其中，Extrude Length 表示定义拉伸的长度，Direction 表示拉伸的方向，Surface Degree 表示定义曲面的精度。Flat：平板类型，轮廓线将在路径曲线上以平行的方式拉伸曲面。Tube：管状类型，不同于 Flat，轮廓线将以与路径曲线相切的方式拉伸曲面，这也是默认的创建方式。

Result Position（结果位置）：设定创建的曲面是定位在轮廓曲线处还是路径曲线处，必须根据不同的需要来决定。

Pivot（轴心点）：专用于 Tube（管状）类型，通过使用轴心点的方法进行轮廓曲线在挤压路径上的定位。

Orientation（方向）：拉伸的方向。Path Diretion，沿路径曲线方向；Profile Normal，沿轮廓线法线方向。

Rotation（旋转）：设置在拉伸的同时轮廓线自身的旋转。

Scale（缩放）：设置在拉伸的同时轮廓线自身的缩放。

Curve Range（曲线范围）：定义原始曲线的有效范围。

Output Geometry（输出几何体）：生成物体的几何体类型。

5.Birail（双轨）

Birail（双轨）命令包含 3 个子命令，即 Birail 1 Tool、Birail 2 Tool 和 Birail 3 Tool，这 3 种轨道曲面的生成方法是与 Loft 命令不同的，Birail 命令在执行时需要轨道线辅助才能生成曲面（图 4-68 ～图 4-70）。

6.Boundary（边界）

Boundary（边界）命令依据三条边界线或四条边界线围出曲面，这四条边界线不必相交，但选择的次序对曲面的最终生成效果有影响，配合 Shift 键，先依次选中边界曲线，执行命令即可（图 4-71）。

图 4-66　挤压工具参数

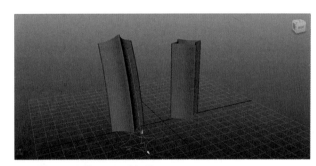

图 4-67　垂直挤压和沿路径挤压

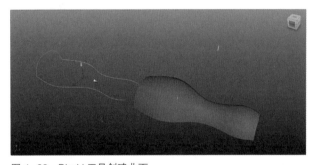

图 4-68　Birai l 工具创建曲面

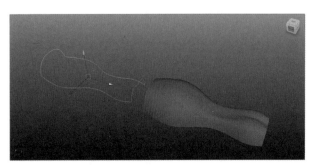

图 4-69　Birai 2 工具创建曲面

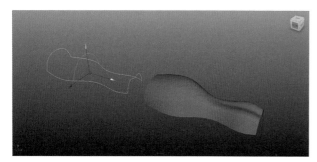

图 4-70　Birai 3 工具创建曲面

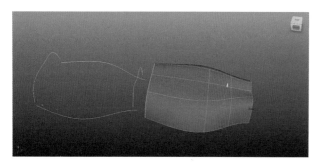

图 4-71　边界工具创建曲面

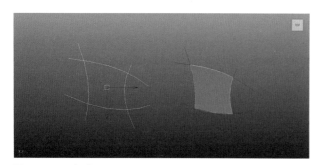

图 4-72　四方成面

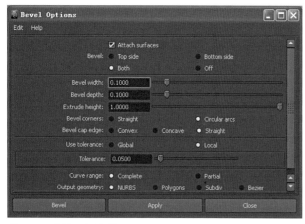

图 4-73　倒角工具参数

7.Square（四方）

Square（四方）命令是在三条或四条相交的边界线间创建一致连续性的曲面，常用于在几条剪切边界线间创建封盖的曲面，并且保证创建的曲面与其他相接曲面具有相同的连续性，也就是无缝光滑，要求几条边界线必须相交，选择时必须按照顺时针或逆时针方向依次进行，不能跳跃选择（图 4-72）。

8.Bevel（倒角）

Bevel（倒角）使用曲线挤压出带有倒角边的曲面。曲线的类型并没有太多的限制，在实际应用中常用于制作文字和标志的立体模型（图 4-73、图 4-74）。

Attach Surfaces（结合曲面）：形成的曲面是否结合在一起，当选择 NURBS 类型模型时才能激活。

Create Bevel（倒角位置）：创建倒角的位置。

Bevel Width（倒角宽度）：创建倒角的宽度。

Bevel Depth（倒角高度）：创建倒角的高度。

Extrude Distance（挤压长度）：挤压的长度。

Create Cap(封盖)：设定倒角的曲面是否封盖。

Out/Inner Bevel Style（倒角类型）：倒角种类的设置。

Output Geometry（输出几何体）：生成物体的几何体类型。

9.Bevel Plus（附加倒角）

Bevel Plus（附加倒角）以前是一个分开的插件，到了 Maya4.5 版本被加到软件中，它的创建实体倒角文字和标志功能非常强大，也提供了很多倒角种类（图 4-75 ～图 4-77）。

图 4-74　倒角工具成面

图 4-75　附加倒角属性面板　　　　图 4-76　附加倒角工具成面　　　　图 4-77　附加倒角工具成面

4.5　编辑 NURBS 曲面

编辑 NURBS 菜单中包含了编辑和修改 NURBS 表面的各种工具（图 4-78）。

其包含以下内容：

Duplicate NURBS Patch(复制 NURBS 面片)

Project Curve On Surface(映射曲线到曲面)

Intersect Surface（相交曲面）

Trim Tool（剪切工具）

Untrim Surfaces（取消剪切工具）

Booleans（布尔运算）

Attach Surfaces（结合面）

Attach Without Moving（非移动结合曲面）

Detach Surfaces（分离面）

Align Surfaces（对齐面）

Open/Close Surfaces（打开或闭合面）

Move Seam（移动接缝）

Insert Isoparms（插入 ISO 参考线）

Extend Surfaces（扩展曲面）

Offset Surfaces（偏移曲面）

Reverse Surfaces Direction（反转曲面方向）

Rebuild Surfaces（重修曲面）

Roud Tool（圆化曲面）

Surface Fillet（曲面圆角）

图 4-78　编辑曲面菜单

Stitch（缝合）

Sculpt Surfaces Tool（雕刻曲面）

Surface Editing（曲面编辑命令组）

Selection（选择命令组）

1.Duplicate NURBS Patch（复制 NURBS 面片）

Duplicate NURBS Patch（复制 NURBS 面片）命令是将曲面上选择的面片复制出一个新的独立物体，用于其他的建模和动画制作。使用方法：在 NURBS 物体上点击鼠标右键，选择 Surface Patch 模式，在物体表面上选择需要复制的曲面，执行此命令即可（图 4-79）。

2.Project Curve On Surface（映射曲线到曲面）

Project Curve On Surface(映射曲线到曲面)主要用于将曲线投射到曲面上形成新的曲线，形成的新曲线会依附于曲面，可以使用 Trim Tool 对曲面进行剪切，如果想得到该曲线，可以使用 Duplicate Surface Curves 将曲线提取出来。投射后的曲线如果不满意，投射角度还可以调整，曲线会依附于曲面进行移动。使用方法：选择曲线和曲面,确定投射的方向,然后执行此命令即可（图 4-80、图 4-81）。

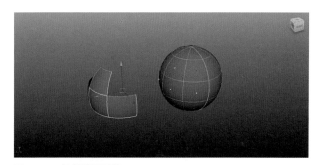

图 4-79　复制曲面面片

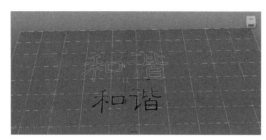

图4-80 投射曲线到曲面属性参数面板　　图4-81 投射曲线到曲面　　　　　　　　图4-82 相交曲面属性面板

Project Along（投射方向）：定义曲线投射的方向。Active View，曲线以视角方向作为投射方向。Surface Normal，曲线以曲面的法线方向作为投射方向。

Use Tolerance（使用公差）：主要用于设置原始曲线的容差值。

Curve Range（曲线范围）：控制曲线的有效范围。

3.Intersect Surface（相交曲面）

Intersect Surface（相交曲面）用于生成一个曲面和其他曲面相交部分的曲线，常配合 Trim Tool 工具进行剪切曲面操作。使用方法：选择所有进行相交的曲面，执行此命令即可，如需进行剪切，使用 Trim Tool 工具进行（图4-82、图4-83）。

Create Curves For（生产曲线）：设定相交线产生的表面。First Surface，只在先选择的曲面上产生相交线。Both Surface，在所有的曲面上都产生相交线。

Curve Type（合成曲线类型）：设定生成的相交线的类型。Curve on Surface，相交线为依附于曲面上的曲线。3D World，相交线为独立的曲线。

Use Tolerance（使用公差）：主要用于设置原始曲线的容差值。

4.Trim Tool（剪切工具）

Trim Tool（剪切工具）命令是一个经常使用的命令，可以对曲面进行剪切。使用方向：选择具有相对封闭的曲线的曲面，执行该工具，这时曲面会变成白色网格的虚线标定状态，默认情况

下，在需要保留的曲面部分点击鼠标左键产生标记点，可以在不同的位置创建多个标记点，按回车键即可完成剪切操作（图4-84、图4-85）。

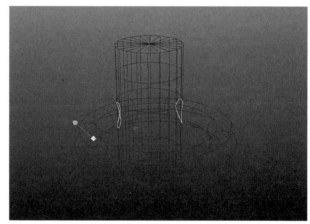

图4-83 相交曲面

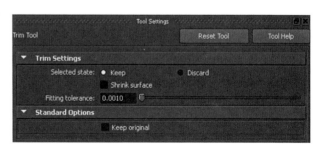

图4-84 剪切工具属性面板

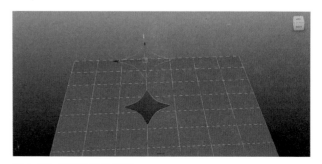

图4-85 剪切工具的使用

5.Untrim Surfaces（取消剪切工具）

Untrim Surfaces（取消剪切工具）命令与 Trim Tool（剪切工具）命令相反，就是将已经执行了剪切命令成为剪切面的曲面恢复到剪切前的状态。使用方法：选择剪切曲面，执行此命令即可（图 4-86、图 4-87）。

6.Booleans（布尔运算）

Booleans（布尔运算）命令包含 3 个工具：Union Tool、Difference Tool 和 Intersection Tool，分别用来执行布尔命令中的并集运算、差集运算和交集运算。使用方法：选择一个布尔运算命令，点击需要参与运算的另一个物体，按回车键，再点击另一个物体，按回车键完成布尔运算（图 4-88）。

7.Attach Surfaces（结合面）

Attach Surfaces（结合面）命令可以将两个独立的 NURBS 曲面合并成一个整体。使用方法：选择需要结合的两个曲面，执行此命令即可。如果直接合并的状态不正确，也可以在结构线选择的模式下，在两个曲面上标定要结合的位置，再执行此命令即可（图 4-89、图 4-90）。

Attach Method（结合方式）：分为连接方式和融合方式两种。Connect：连接方式，它不改变原始曲面的形态；Blend：融合方式，它可以在结合之间产生连续光滑的过渡曲面，并在原始曲面部分产生一些变形。

Multiple Knots（多重节点）：结合方式为连接方式时，此选项才可用。控制是否保留曲面上

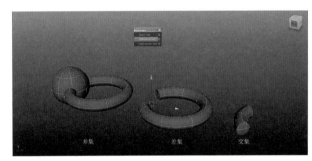

图 4-88　布尔运算

图 4-86　取消剪切工具属性面板

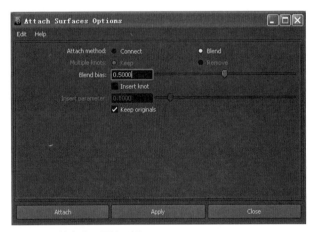

图 4-89　结合曲面属性面板

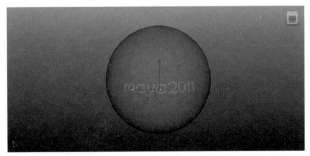

图 4-87　取消剪切工具

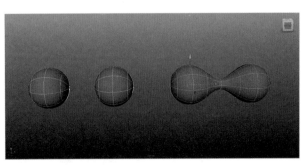

图 4-90　结合曲面

的多重点结构，以确定结合处是有棱角的还是光滑的。

Blend Bias（融合偏移）：融合偏移。

Insert Knot（插入节点）：插入节点。Insert Parameter 为插入参数。

Keep Originals（保留原始物体）：保留原始物体。

8. Attach without Moving(非移动结合曲面)

Attach without Moving（非移动结合曲面）主要用于结合曲面时保证曲面不发生位移变化。使用方法：选择曲面上标定结合的结构线，执行此命令即可（图4-91）。

9. Detach Surfaces（分离面）

Detach Surfaces（分离面）命令主要用于将一个完整的曲面分割开来。使用方法：在结构线选择的模式下，在曲面上标定需要分割的位置，可以在同一方向上一次标定多个位置，执行此命令即可（图4-92）。

10. Align Surfaces（对齐面）

Align Surfaces（对齐面）命令主要用来将两个不同曲面的边界对齐，并保持之间的连续性，形成无缝的接合。使用方法：选定需要对齐的结构线，执行此命令即可（图4-93、图4-94）。

Attach（合并）：设定对齐后的曲面是否结合在一起。

Multiple Knots（多重节点）：为结合方式时，此选项才可用。用来控制是否保留曲面上的多重点结构，以确定结合处是有棱角的还是光滑的。

Continuity（连贯性）：设定曲面的对齐方式。

Modify Position（修改位置）：设定对齐后哪个曲面发生位移变化。

Modify Boundary（修改边界）：设定对齐后哪个曲面发生边界变化。

Modify Tangent（修改切线）：设定对齐后哪个曲面发生切线变化。

Tangent Scale First/Second（第一曲面／第二曲面切线缩放）：设置两个曲面的切线率。

Curvature Scale First/Second（第一曲面／

第二曲面曲率缩放）：设置两个曲面的曲率。

Keep Originals（保留原始物体）：保留原始物体。

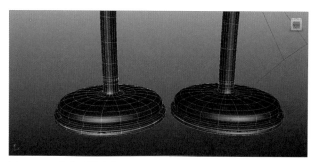

图4-91 非移动结合曲面

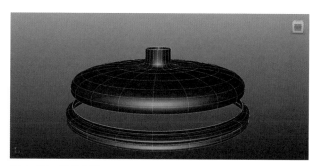

图4-92 分离曲面

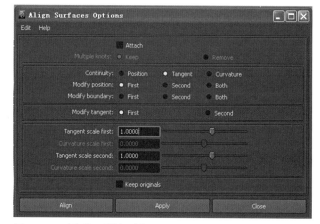

图4-93 对齐曲面属性面板

图4-94 对齐曲面

11.Open/Close Surfaces（打开或闭合面）

Open/Close Surfaces（打开或闭合面）命令将曲面的 U 向或 V 向打开或闭合。对于开放的曲面，将会进行封闭；对于封闭的曲面将会在起点处打断并开放。使用方法：选择选定的曲面，直接执行此命令即可，也可指定结构线进行打开或闭合（图 4-95、图 4-96）。

12.Move Seam（移动接缝）

Move Seam（移动接缝）命令主要用于闭合处的缝结构在曲面上的位置（图 4-97）。

需要说明的是，对于 NURBS 曲面，接缝的位置决定了曲面的结构，无论是平面、球体还是复杂的 NURBS 模型，将其伸展开都会成为一张有着 UV 方向的四边形平面，所以接缝的位置直接影响了曲面在其他曲面结合后的外形。

13.Insert Isoparms（插入 ISO 参考线）

Insert Isoparms（插入 ISO 参考线）是一个非常重要的命令，在曲线上添加新的 ISO 参数线，

可以更加方便地控制曲面的外形。使用方法：先选中曲面，点击鼠标右键，选择 Isoparm 模式，在曲面上拖动 ISO 参数线，会出现一条黄色虚线，再执行此命令即可产生新的 ISO 参考线（图 4-98、图 4-99）。

Insert Location（插入位置）：设置插入的方式。at Selection，在当前的位置加入 ISO 参考线；between Selections，在两条选择的 ISO 参考线之间插入新的 ISO 参考线；Use All Surface Isoparms，使用全部曲面 ISO 参考线。

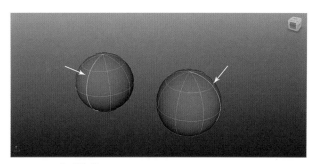

图 4-97　移动接缝

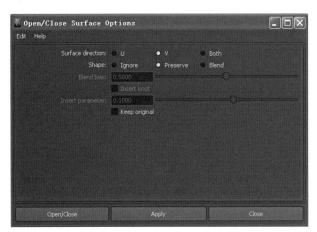

图 4-95　打开或闭合曲面属性面板

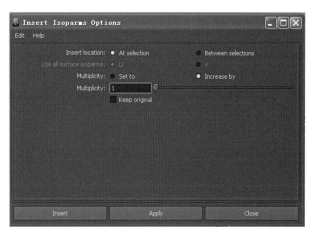

图 4-98　插入结构线属性面板

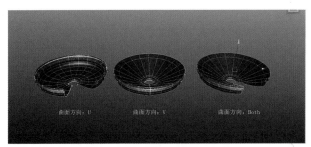

图 4-96　打开或闭合曲面

图 4-99　插入结构线

Multiplicity（多样性）：插入多重 ISO 参考线。Set to，设置插入 ISO 参考线的绝对数量；Increase by，确定要增加的 ISO 参考线数量。

Keep Originals（保留原始物体）：保留原始曲面。

14. Extend Surfaces（扩展曲面）

Extend Surfaces（扩展曲面）命令用于将曲面在 U 方向或 V 方向延伸出曲面，延伸的曲面与原始曲面保持连续性。使用方法：选择要扩展的曲面，执行此命令即可（图 4-100）。

15. Offset Surfaces（偏移曲面）

Offset Surfaces（偏移曲面）就是沿曲面的法线方向平行复制一个新的曲面，并相对原始曲面产生一定的偏移，适用于各种类型的曲面，包括剪切曲面。使用方法：选择要偏移的曲面，执行此命令即可（图 4-101）。

16. Reverse Surfaces Direction（反转曲面方向）

Reverse Surfaces Direction（反转曲面方向）就是改变曲面的 UV 方向和法线方向。使用方法：选择要反转的曲面，执行此命令即可（图 4-102）。

17. Rebuild Surfaces（重修曲面）

Rebuild Surfaces（重修曲面）是一个常用的工具。在创建曲面时，利用 Loft 等工具使用曲线生成曲面时，容易造成曲面上的曲线分布不均匀，影响曲面的进一步编辑，使用重建曲面命令，可以使曲面上的 UV 方向的曲线分布更为合理。使用方法：选择要重建的曲面，打开 Rebuild Surfaces（重修曲面）命令的设置面板，选择要重建的类型和参数，按下 Apply（指定）钮即可（图 4-103、图 4-104）。

Rebuild Type（重修类型）：重建曲面的类型，提供了 8 种。Uniform，按照自定义的 UV 节点数平均重建曲面；Reduce，在保证曲线的外形不

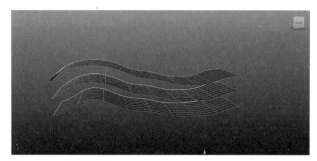

图 4-101 偏移曲面

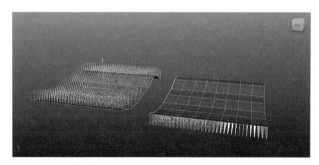

图 4-102 反转曲面方向

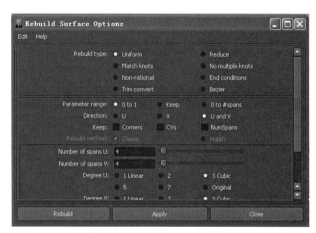

图 4-103 重修曲面属性面板

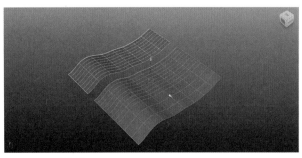

图 4-100 扩展曲面

图 4-104 重修曲面

变的基础上，重建曲面时，尽量减少曲线的数量；Match Knots，匹配两个曲面的节点，使其节点数、片段数相同；No Multiple Knots，取出全部多重节点，使原始曲面和目标曲面具有相同的 Degree 精度；Non-Rational，在曲率较高的部分插入编辑点，重建为非有理曲线；End Conditions，控制曲面边界边是否与重建曲面的边界边一致；Trim Convert 将一个剪切曲面边转化为非剪切曲面；Bezier，重建为贝塞尔曲面。

Parameter Ranger（参数范围）：参数范围。0 to 1，将 UV 参数值范围定义为 0 至 1；Keep，重建曲面 UV 参数值范围，与原始曲面匹配；0 to # Spans，设置 UV 值为 0 至片段数间的任何整数值。

Direction（方向）：设置在曲面的哪个方向上修改节点数目。

Keep（保持）：设置重建曲面时的依据。Corners，保证新曲面角的数目和原始角的三维点数相同；CVs，保证控制点的数目不变；Num Spans，设置段数。

Number Of Span U/V（段数）：设置重建曲面 UV 向上段数的多少。

Degree U/V（度数）：分别设置重建曲面 UV 向上的不同精度。

Keep Original（保留原始物体）：保留原始物体。

Output Geometry（输出几何体类型）：输出几何体类型。

18.Round Tool（圆化曲面）

Round Tool（圆化曲面）命令用于使相交的 NURBS 边界产生圆化的过渡。使用方法：先执行此命令，在视窗中选择需要圆化的去边相交线，此时，在两个曲面间出现一个黄色的半径调节器，调整好圆化半径，按回车键即可（图 4-105、图 4-106）。

Radius（半径）：设置圆角半径的大小。

Tolerances（容差）：设置容差值的大小。

19.Surface Fillet（曲面圆角）

Surface Fillet（曲面圆角）是一个非常重要的 NURBS 建模工具，一共包含三个工具：Circular Fillet（圆形圆角）、Freeform Fillet（自由圆角）和 Fillet Blend Tool（融合圆角）。

Circular Fillet（圆形圆角）命令就是在两个相交曲面的相交边界处创建圆形圆角曲面，并产生平滑的转折，可以调节产生圆角半径的大小以及曲面产生的方向。此命令可同时针对物体、ISO 参考线和曲面点应用。使用方法：针对物体进行圆角时，可以选中两个物体，执行此命令即可。针对 ISO 参考线进行圆角时，分别进入两个物体的 ISO 参数线元素级别，配合 Shift 键选择各自要连接的 ISO 参考线，执行此命令即可。针对曲面点进行圆角时，分别进入两个物体的 Surface Point（曲面点）元素级别，配合 Shift 键选择各自要连接的曲面点，执行此命令即可（图 4-107）。

图 4-105　圆化工具属性面板

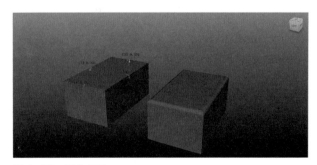

图 4-106　圆化工具

图 4-107　圆形圆角

Freeform Fillet（自由圆角）命令用于在两个曲面指定的曲面上的曲线间创建自由的圆角曲面。这两个曲面是否相交并没有要求，创建圆角曲面的曲线可以是 ISO 参考线、曲面上曲线或剪切边界线中的任意类型。使用方法：选中两个曲面，在曲面上点击鼠标右键，选择相应的 ISO 参考线或 Trim Edge（剪切边界线）级别，执行此命令即可（图 4-108）。

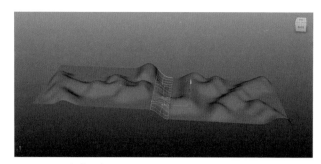

图 4-108　自由圆角

Fillet Blend Tool（融合圆角）命令主要用于在由曲面上的曲线组成的两组曲线之间创建圆角过渡曲面，可以同时在多个曲面、多条曲线、多类曲线间创建融合曲面，常用于生物体模型的创建，如躯干和四肢的连接部分，眼睛、耳朵等五官与面部的连接部分。完成的融合曲面不仅可以与其他曲面产生良好的无缝光滑效果，还可以随着其他曲面的改变而改变。使用方法：打开 Fillet Blend Tool（融合圆角）面板，按下 Apply（指定）钮，选中第一组的曲线，按回车键完成；继续选中第二组的曲线，按回车键完成，此时融合曲面会自动创建（图 4-109）。

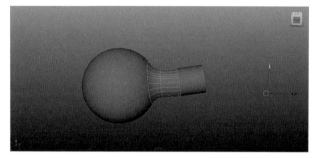

图 4-109　融合圆角

20.Stitch（缝合）

Stitch（缝合）命令主要用于将两个曲面缝合在一起，一共包含三种缝合工具：Stitch Surface Points（缝合曲面点）、Stitch Edges Tool（缝合边）和 Global Stitch（全局缝合）。

Stitch Surface Points（缝合曲面点）是对曲面的节点进行缝合，包括 CV 控制点、EP 编辑点和曲面点三种（图 4-110）。

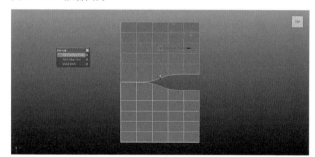

图 4-110　缝合点

Stitch Edges Tool（缝合边）是对曲面的边界线进行缝合，只对曲面的 ISO 边界线起作用，不能用于剪切的边界线（图 4-111）。

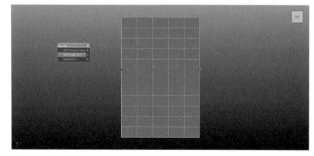

图 4-111　缝合边

Global Stitch（全局缝合）是综合了点缝合和边缝合的一种最广泛意义的缝合技术，会缝合处理大部分的边界和范围（图 4-112）。

21.Sculpt Surfaces Tool（雕刻曲面）

Sculpt Surfaces Tool（雕刻曲面）主要对曲面进行凸起和凹陷的刻画，和真实的雕刻非常相似。使用非常方便，但在操作时需要使 NURBS 曲

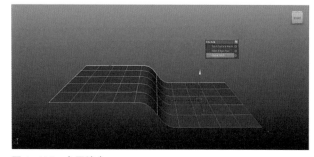

图 4-112　全局缝合

面的段数足够多，雕刻的效果才明显（图 4-113、图 4-114）。

Stamp Profile：设置雕刻笔笔头的图案形状和大小。

Radius（U）：对鼠标而言，设置笔刷的半径大小；对压感笔而言，设置压力最强时的笔刷半径大小。

Radius（L）：对鼠标无作用；对压感笔而言，设置压力最弱时的笔刷半径大小。

Opacity：设置图案的不透明性，用来控制笔刷的强弱。

Shape：提供各种笔刷的图案，不同的图案产生不同的效果。

Operation：设置六种不同的雕刻方法（图 4-115）。

Push：推动效果

Pull：拉动效果

Smooth：光滑效果

Relax：松弛效果

Pinch：收缩效果

Erase：擦除移动效果

Auto Smooth：自动光滑选项，在雕刻的同时对曲面的笔划进行光滑处理，勾选为开启状态。

Strength：设置自动光滑的次数，值越大，笔触越光滑。

Sculpt Variables：设置参考向量和最大位移。

Ref.Vector：控制推拉雕刻时 CV 控制点移动的方向。

Max Displacement：设置推拉的最大位移。

Surface：设置两种备份曲面的更新情况。

Reference Srf：参考曲面。

Erase Srf：擦除曲面。

22.Surface Editing（曲面编辑命令组）

Surface Editing（曲面编辑命令组）命令可以通过使用控制手柄，来对曲面进行控制和编辑。该工具的应用非常广泛，手柄操作相对直观一些，便于整体地控制曲面。

23.Selection（选择命令组）

Selection（选择命令组）共有四个子工具，主要用来快速选择曲面上特定区域的控制点。

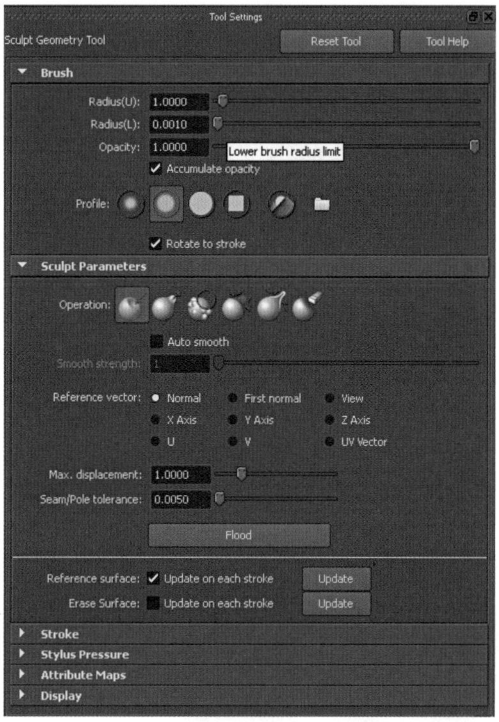

图 4-113　雕刻曲面属性面板

图 4-114　雕刻曲面

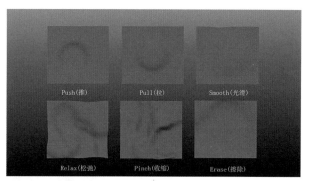

图 4-115　雕刻方法

4.6　奖杯制作实例

本实例主要利用 Maya 中的创建曲线及放样命令进行制作。

（1）执行主菜单 Create（创建）→ CV Curves Tool（CV 曲线工具）进行创建曲线并调整（图4-116、图 4-117）。

（2）新建一个 Circle（圆形），调整大小，按住 C 键配合鼠标中键使其吸附到曲线上（图 4-118）。

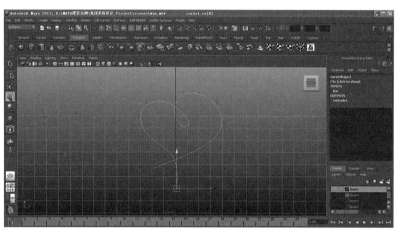

图 4-116　创建 CV 曲线

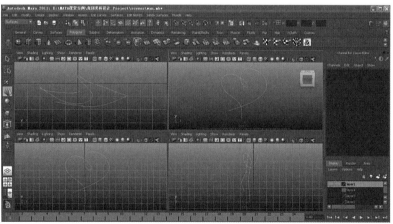

图 4-117　调整

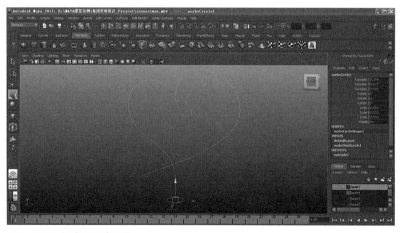

图 4-118　创建圆形并吸附

（3）先选中圆形,再复选曲线,执行Surfaces(曲面）→ Extrude（挤压）命令，选择管状挤压路径方式进行挤压（图4-119）。

（4）选中曲线，执行 Edit Curves（编辑曲线）→ Rebuild Curve（重修曲线）命令，设置重修段数为50（图4-120、图4-121）。

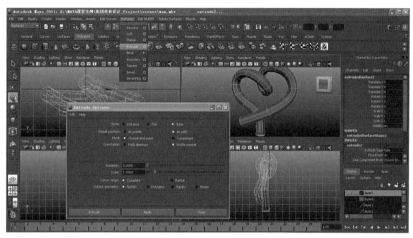

图 4-119　挤压

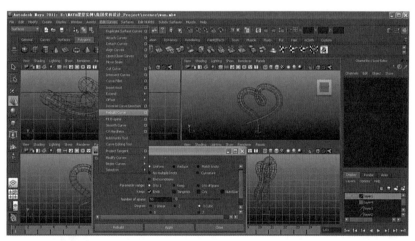

图 4-120　重修曲线

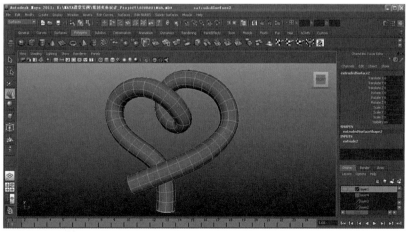

图 4-121　效果

（5）新建一个 Circle（圆形），增加一定的点，调整成正方形并复制（图 4-122）。

（6）选中复制的几个正方形，执行 Surfaces（曲面）→ Loft（放样）命令（图 4-123）。

（7）执行主菜单 Create（创建）→ Polygon Primitives（多边形物体）→ Cube（立方体）命令来创建一个立方体（图 4-124）。

（8）再次执行主菜单 Create（创建）→ Polygon

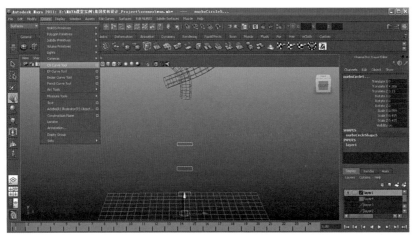

图 4-122　新建圆形并调整，进行复制

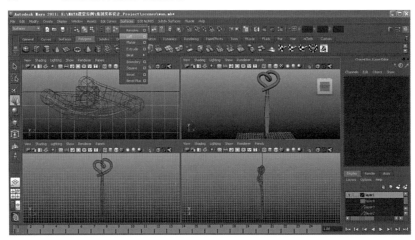

图 4-123　执行放样命令

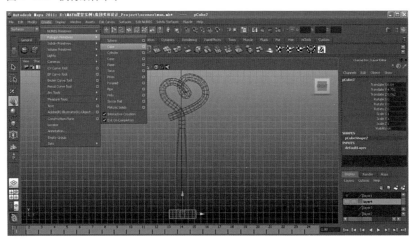

图 4-124　创建立方体

Primitives（多边形物体）→ Cube（立方体）命令来创建另一个立方体并调整（图 4-125、图 4-126）。

（9）创建两个面片作为背景（图 4-127）。

（10）给场景打上灯光，其原理是利用好莱坞的三点光照（图 4-128）。

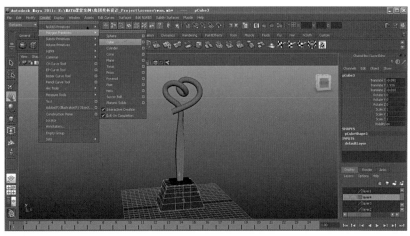

图 4-125　创建立方体

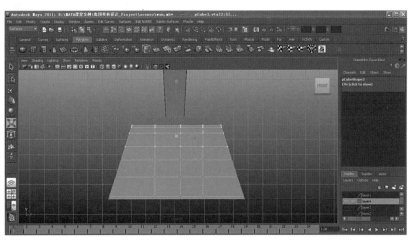

图 4-126　调整

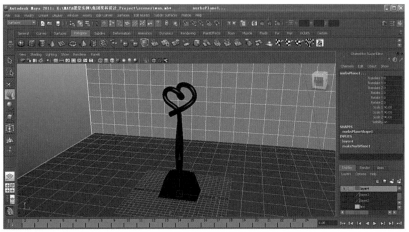

图 4-127　创建两个面片

（11）创建一个玻璃材质并赋予物体（图4-129）。

（12）选择Lighting（灯光）→ Use All Lights（使用所有灯光）（图4-130）。

（13）渲染（图4-131）。

（14）在PS中添加文字和标志（图4-132、图4-133）。

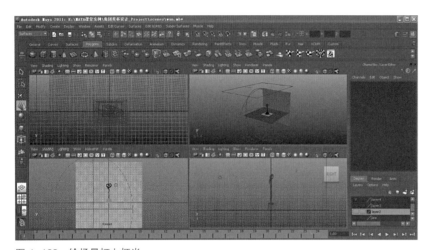

图4-128　给场景打上灯光

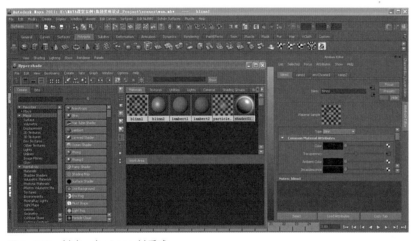

图4-129　创建一个phong材质球

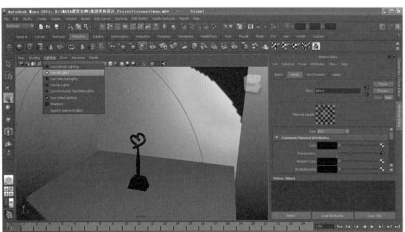

图4-130　使用所有灯光

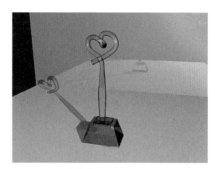

图4-131　渲染输出

图4-132　添加文字

图4-133　完成

4.7　化妆品瓶制作实例

本实例主要利用 Maya 中的创建 CV 曲线及旋转命令进行制作。

（1）执 行 主 菜 单 Create（创 建）→ CV Curves Tool（CV 曲线工具）进行创建曲线并调整（图 4–134、图 4–135）。

（2）继续调整瓶嘴及瓶身底部细节（图 4–136～图 4–138）。

（3）依据瓶嘴的造型，执行主菜单 Create（创

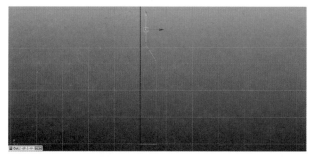

图 4–134　创建 CV 曲线

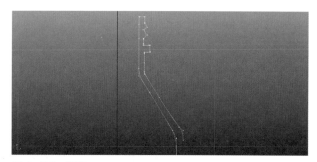

图 4–135　调整

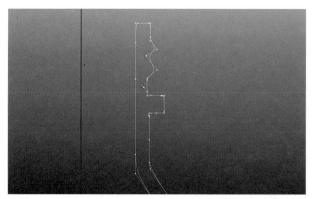

图 4–136　瓶嘴调整

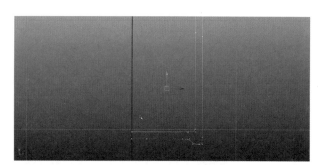

图 4–137　瓶底调整

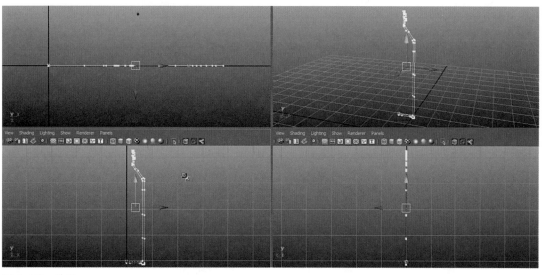

图 4–138　效果

建）→ CV Curves Tool（CV 曲线工具）进行瓶盖曲线的创建并调整（图 4-139）。

（4）选择曲线，执行 Surfaces（曲面）→ Revolve（旋转成型）命令，使瓶身成形，注意曲面的衔接，形体要准确（图 4-140）。

（5）继续执行主菜单 Surfaces（曲面）→ Revolve（旋转成型）命令，进行瓶盖制作（图 4-141）。

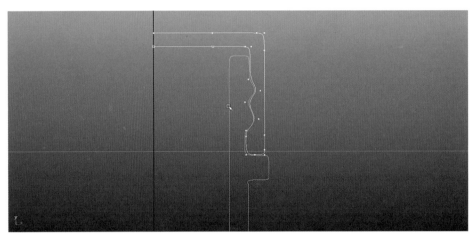

图 4-139　创建 CV 曲线

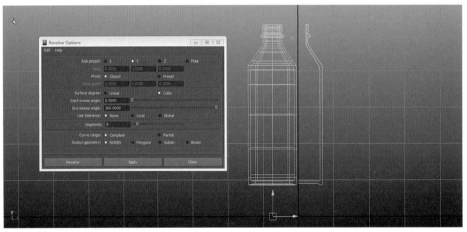

图 4-140　旋转

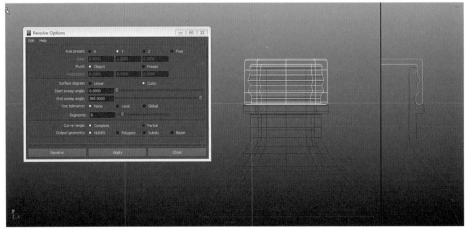

图 4-141　旋转

（6）选中所有曲线，执行 Edit（编辑）→ Delete by Type → History（历史记录）命令，删除历史记录（图 4-142、图 4-143）。

（7）制作 Logo 部分。选择瓶身的面片，执行 Edit Nurbs（编辑曲面）→ Duplicate Nurbs Patches（复制曲面上的面片）命令（图 4-144、

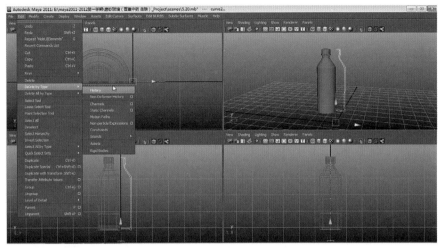

图 4-142　删除历史记录

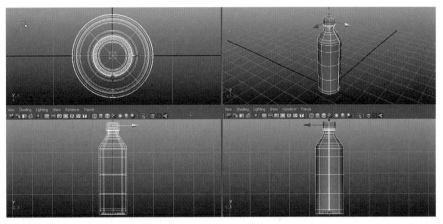

图 4-143　效果

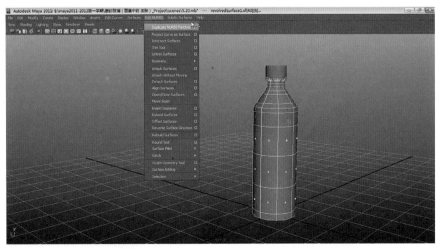

图 4-144　复制曲面上的面片

图 4-145)。

（8）新建一个 Lambert 材质，把制作好的 Logo 赋予材质（图 4-146 ~ 图 4-148）。

（9）创建一个磨砂玻璃材质并赋予物体，具体参数设置（图 4-149、图 4-150）。

（10）给场景打上灯光，设置摄像机，其布光原理是利用好莱坞的三点光照（图 4-151、图 4-152）。

（11）渲染输出（图 4-153）。

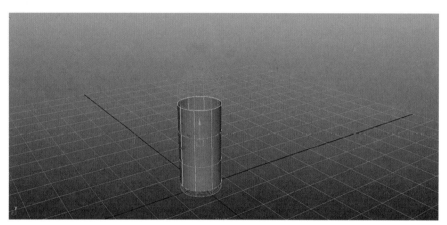

图 4-145　效果

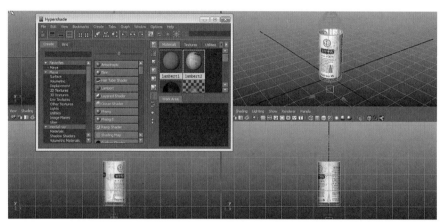

图 4-146　新建 Lambert 材质

图 4-147　赋予贴图

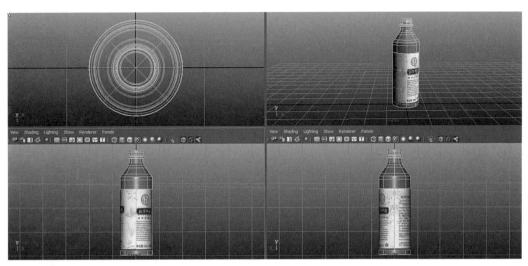

图 4-148　效果

图 4-149　创建材质

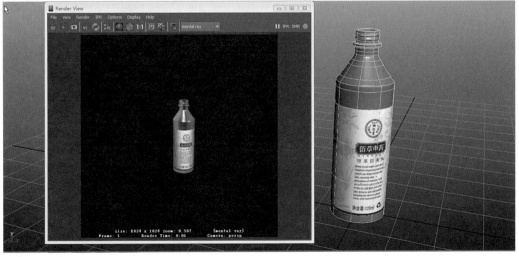

图 4-150　预览效果

图 4-151　给场景打上灯光

图 4-152　设置摄像机

图 4-153　渲染输出

4.8　易拉罐制作实例

本实例主要利用 Maya 中的创建 CV 曲线、旋转、映射曲线和剪切命令进行制作。

（1）执 行 主 菜 单 Create（创建）→ CV Curves Tool（CV 曲线工具），创建出易拉罐的造型曲线（图 4-154）。

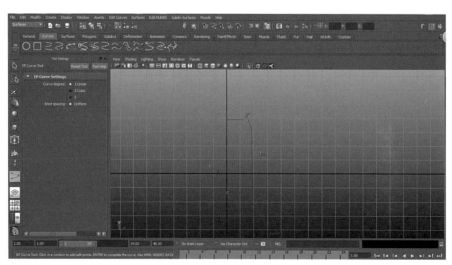

图 4-154　创建曲线

（2）选中曲线，执行 Surface（曲面）→ Revolve（旋转），然后对其清除历史记录（图 4-155、图 4-156）。

（3）制作易拉罐开口部分。在顶视图中，创

建一条易拉罐开口的曲线，执行 Edit Curves（编辑曲线）→ Open\Close Curves（打开或闭合曲线）对曲线进行闭合（图 4-157、图 4-158）。

（4）先选择曲线，再复选罐身，执行 Edit

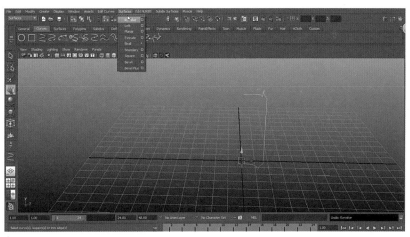

图 4-155　旋转

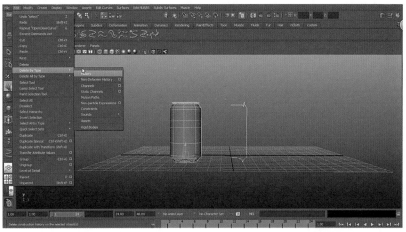

图 4-156　清除历史记录

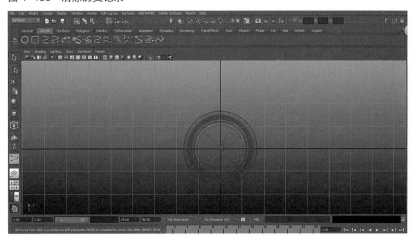

图 4-157　创建曲线

Nurbs(编辑曲面)→Project Curve On Surface(映射曲线到曲面)，使曲线映射到罐身上面，结合剪切工具进行挖口（图4-159～图4-161）。

（5）选中场景中所有物体，对其清除历史记录，这样，罐身的模型就基本完成了（图4-162、图4-163）。

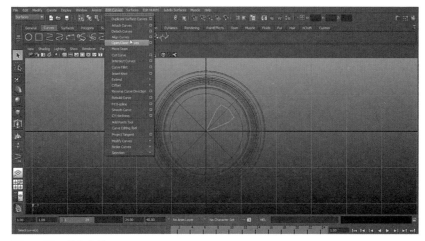

图4-158　闭合曲线

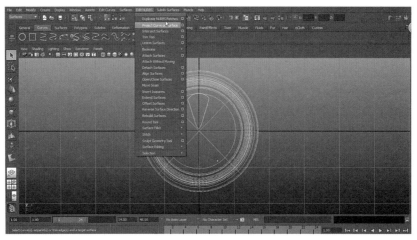

图4-159　映射曲线

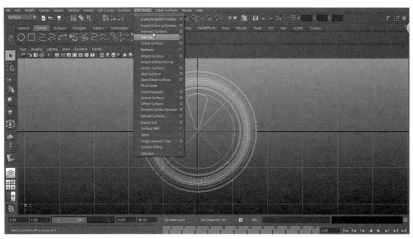

图4-160　剪切曲面

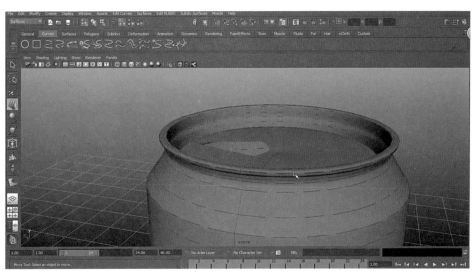

图 4-161　效果

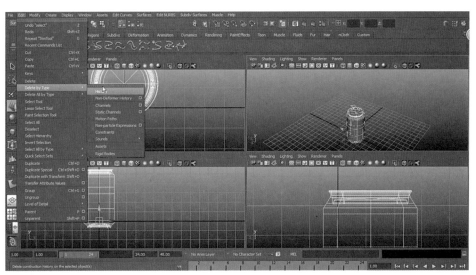

图 4-162　清除历史记录

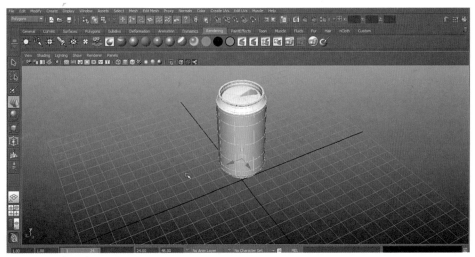

图 4-163　效果

图 4-164   添加材质与灯光

图 4-165   完成

（6）给模型添加上准备好的贴图和不锈钢的材质，利用好莱坞的三点光照进行布光（图4-164、图4-165）。

4.9   NURBS 老式电话制作实例

4.9.1   模型分析

在制作之前，我们要细致观察模型并对模型进行结构分析，通过观察，可以把模型分成三个大的块面：

（1）话机底座，中间包括机座、拨号器、机柱。这一块面的制作难点是拨号器、机柱与话筒的连接处。

（2）话筒。话筒的结构很简单，制作难点是话筒的收音孔。

（3）听筒。听筒的结构也很简单，制作难点是发音孔和电话线。

通过观察，我们可以发现，这台老式电话外

图 4-166   老式电话机之一

图 4-167   老式电话机之二

部构造最复杂的地方就是机座上的拨号器，制作难点在电话线上。制作中另一个需要我们重视的地方是话机各部件的边缘处理。

我们可以先导入两张老式话机的图片，方便在具体建模时参照并在此基础上加以改造，制作出我们心中的模型（图4-166、图4-167）。

4.9.2   电话机座制作

（1）执行主菜单 Create（创建）→ CV Curve Tool（CV 曲线工具）绘制机座曲线，并对曲线进行调整（图4-168）。

（2）执行主菜单 Surfaces（曲面）→ Revolve（旋转成型）命令，使机座成型，注意曲面的衔接，形体要准确（图4-169）。

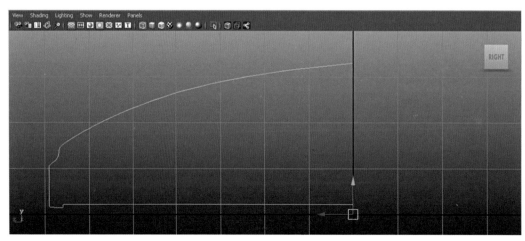
图 4-168   创建 CV 曲线并调整

（3）创建机柱剖面图，执行主菜单 Sufaces（曲面）→ Revolve（旋转成型）命令，完成机柱模型（图 4-170、图 4-171）。

（4）创建机柱细节部分。执行 Create（创建）→ NURBS Primitives（NURBS 几何形体）→ Cylinder（圆柱体），调整位置（图 4-172），

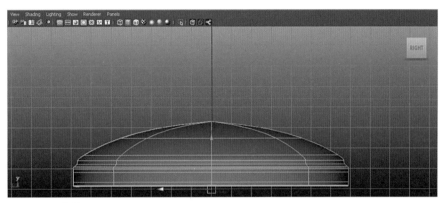

图 4-169　旋转

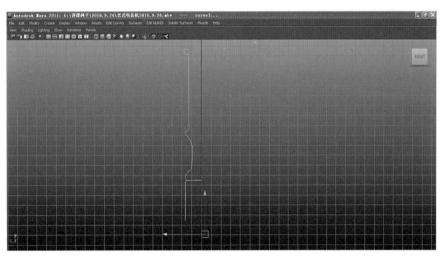

图 4-170　创建机柱剖面线

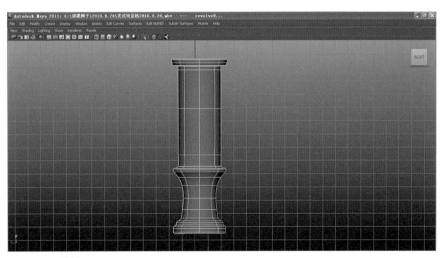

图 4-171　旋转

注意圆柱体的中心要跟世界坐标轴的 Z 轴对齐。

（5）调整圆柱轴心点到世界坐标中心位置。按住键盘 D+X 键（D 键是激活物体的轴心点，X 键是吸附栅格）不要松手，并点鼠标中键在世界坐标中心位置左右滑动，即可把圆柱中心点放置在世界坐标的中心位置（图 4-173）。

（6）复制该圆柱体。执行 Edit（编辑）→ Duplicate Special（复制），调整参数，进行复制（图 4-174）。

（7）制作机柱顶端。创建曲线并执行主菜单

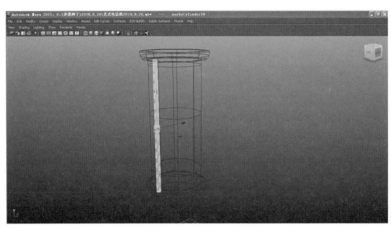

图 4-172　创建圆柱体

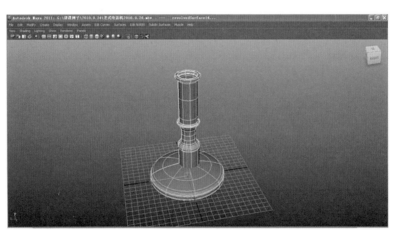

图 4-173　移动中心点

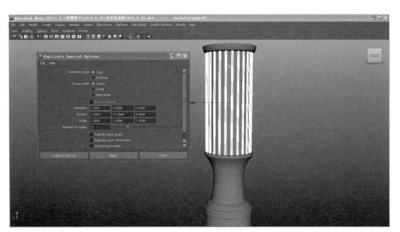

图 4-174　复制

Surfaces（曲面）→ Revolve（旋转成型），完成机柱顶端模型（图 4-175、图 4-176）。

（8）添加模型段数，进行重修曲面。单机鼠标右键进入 Isoparm 元素模式，按 Shift 键进行复加即可（图 4-177、图 4-178）。

（9）制作柱体与话筒连接的卡槽。执行

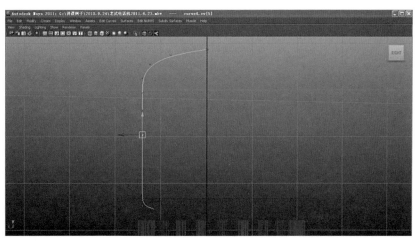

图 4-175　创建线

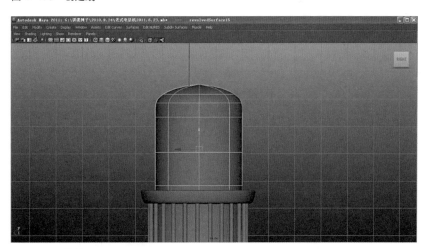

图 4-176　旋转

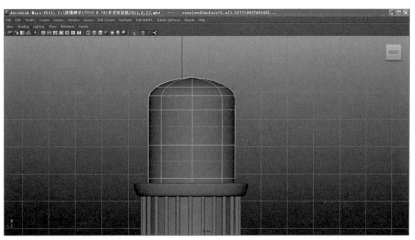

图 4-177　添加段数

Create（创建）→ NURBS Primtives（NURBS 几何形体）→ Circle（圆形线圈），在通道盒中修改 Rotate X 为 90，在 INPUTS 属性中修改

Sections 为 16，切换到前视图中，将其调整成如图 4-179 所示的形状；按键盘 Ctrl+D 键，复制这个线圈，沿 Z 轴正方向拖动（图 4-180）；选择这

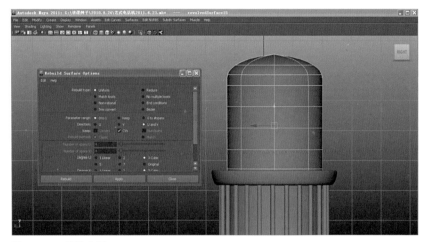

图 4-178　重修曲面

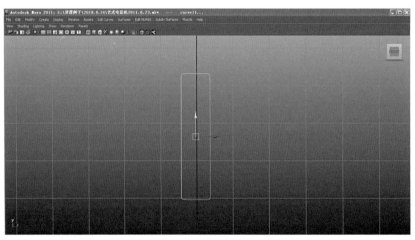

图 4-179　创建圆形并调整

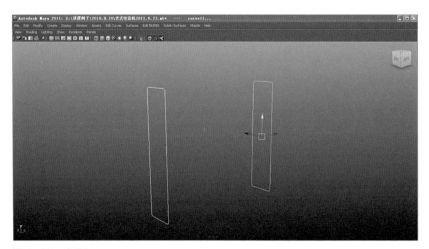

图 4-180　复制

两个线圈,执行主菜单 Surfaces(曲面)→ Loft(放样)(图 4-181)。

(10)制作顶部话机卡槽。将创建好的物体放

置在机柱顶端,调节至相应大小,注意坐标与世界坐标对齐(图 4-182、图 4-183)。

(11)制作卡槽倒角,执行 Edit NURBS →

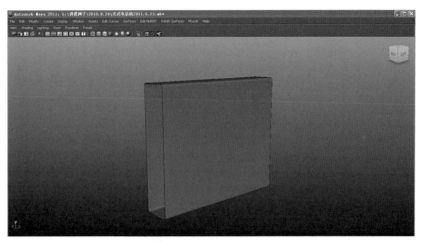

图 4-181 放样

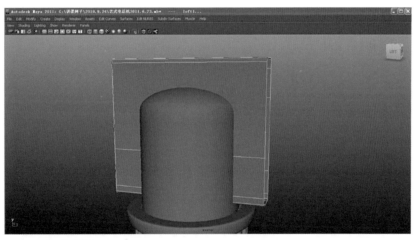

图 4-182 移动放置

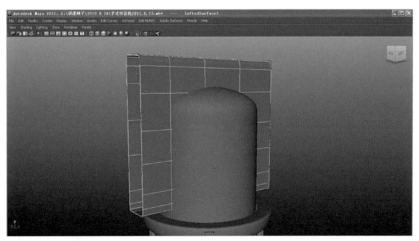

图 4-183 增加段数

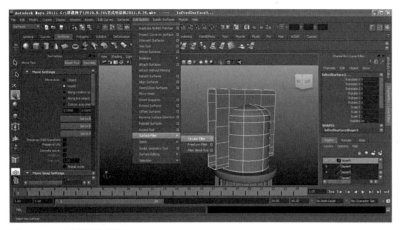

图 4-184　圆形倒角菜单

图 4 185　圆形倒角属性面板

Surface Fillet（曲面倒角）→ Circular Fillrt（圆形倒角）（图 4-184、图 4-185）。

（12）倒角效果（图 4-186）。

（13）对模型进行裁剪，形成带有倒角的卡槽。执 行 Edit NURBS → Intersect Surfaces（相交曲面）命令，选择所需保留的曲面，执行 Edit NURBS → Trim Tool（裁剪曲面）命令，在要保留的部分单机鼠标后，按 Enter 键（图 4-187 ~ 图 4-189）。

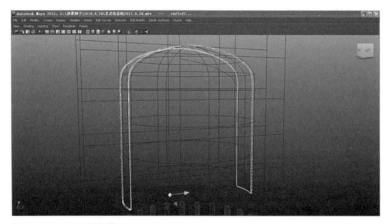

图 4-186　圆形倒角效果

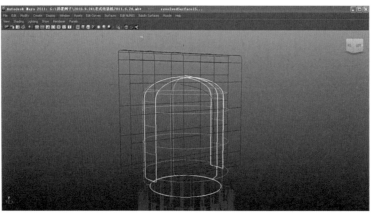

图 4-187　执行相交曲面

4.9.3　拨号器的制作

（1）创建拨号器。先创建曲线，执行Surfaces（曲面）→ Revolve（旋转成型）命令，旋转成型（图

4-190、图 4-191）。

（2）制作电话拨号器。执行 Create（创建）→ NURBS Primtives（NURBS 几何形体）→ Circle（圆形线圈），把线圈轴心点移动到世界坐标中心，

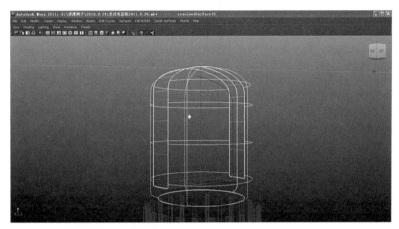

图 4-188　剪切曲面

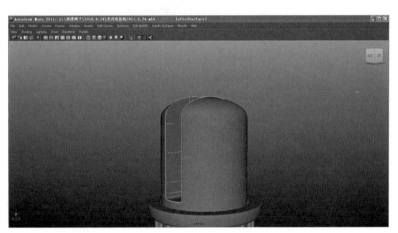

图 4-189　效果

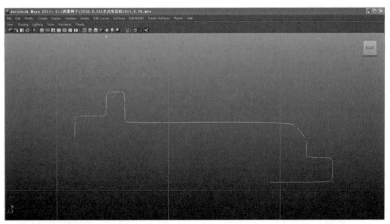

图 4-190　创建线

选择线圈进行复制（图4-192）。

（3）制作拨号器细节。选择线圈，加选模型，执行 Edit NURBS → Project Curve on Surface（投射曲线到曲面上），将线圈投射在物体的曲面上（图4-193）。

（4）制作拨号键。执行 Edit NURBS → Trim Tool（裁剪曲面）工具，在模型上点击鼠标左键（在 Trim Tool 工具使用状态下），模型变为白色透明

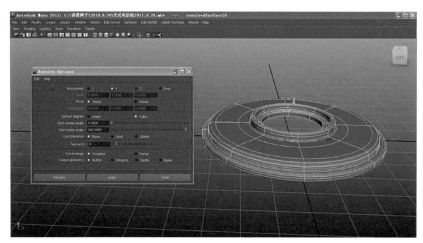

图4-191　旋转

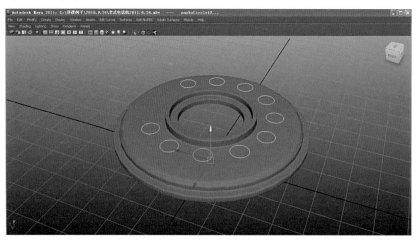

图4-192　创建圆形

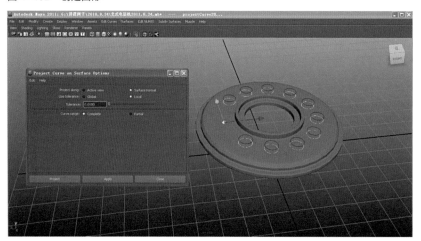

图4-193　投射线圈

状网格显示，点击鼠标左键标记保留区域（此状态下，在模型上点击鼠标左键，会留下黄色标记点），按 Enter 键执行操作（图 4-194、图 4-195）。

（5）制作拨号键的凹槽。选择剪切边，执行菜单 Surfaces（曲面）→ Extrude（挤压）命令（图 4-196、图 4-197）。

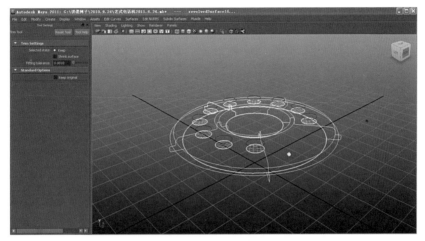

图 4-194　进行剪切

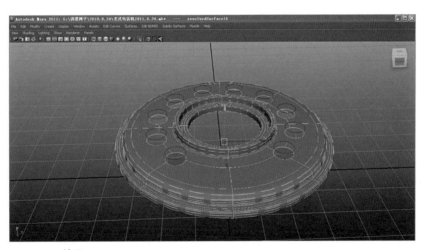

图 4-195　效果

图 4-196　挤压

（6）选中挤压的拨号键凹槽和拨号器，执行相交曲面命令（图4-198）。

（7）执行圆形圆角命令，并再次剪切（图4-199、图4-200）。

（8）创建一个平面作为拨号键的底盖（图4-201～图4-203）。

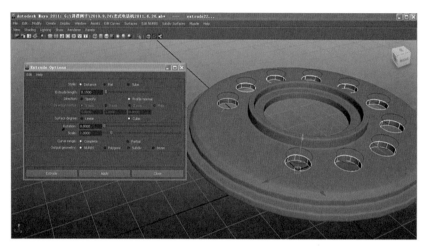

图4-197 效果

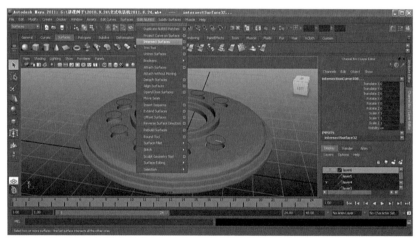

图4-198 相交曲面

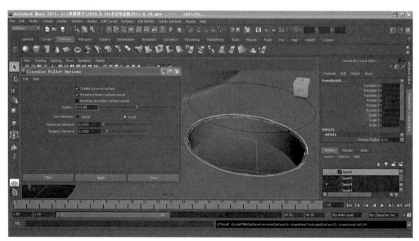

图4-199 圆形圆角

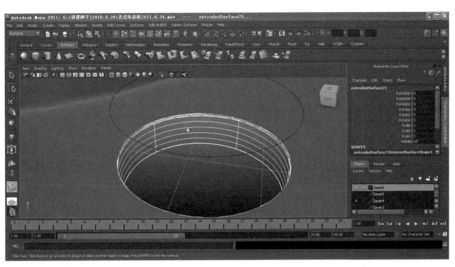

图 4-200　剪切

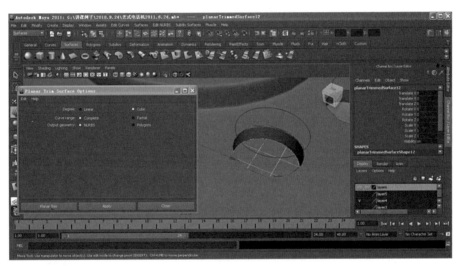

图 4-201　创建平面

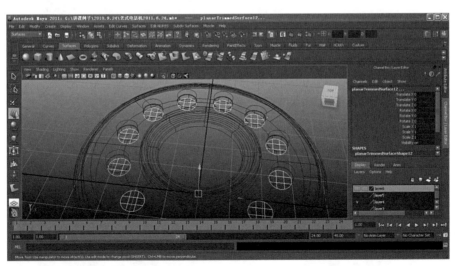

图 4-202　效果

（9）制作拨号键数字。执行 Create → Text 命令，进入 Text 属性栏，创建数字为 0123456789（图 4-204）。

（10）将曲线数字转换成模型。执行 Surfaces → Bevel Plus（Plus 倒角），进入 Bevel Plus Options 属性栏，更改参数值，选择适当的数字属

性（图 4-205）。

（11）创建空物体，放置到拨号键上，空物体的作用是使数字更准确地放置到拨号键上，选择数字，加选空物体，执行对齐工具将数字进行对齐（图 4-206、图 4-207）。

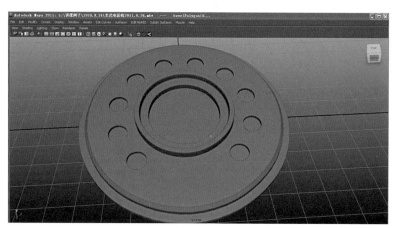

图 4-203　整体效果

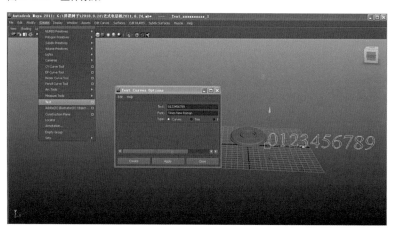

图 4-204　创建文字

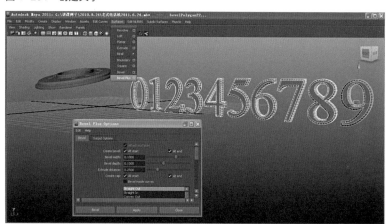

图 4-205　附加倒角

4.9.4   话筒制作

（1）制作电话机话筒。执行 CV 曲线工具绘

制话筒曲线，调整并执行 Revolve（旋转成型）命令，完成话筒制作（图 4-208、图 4-209）。

（2）制作话筒收音孔。创建 NURBS 球体，

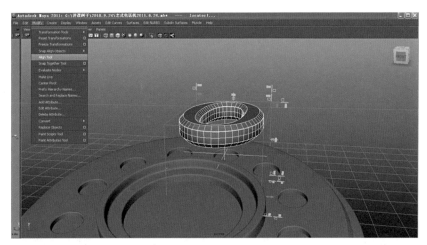

图 4-206   对齐

图 4-207   效果

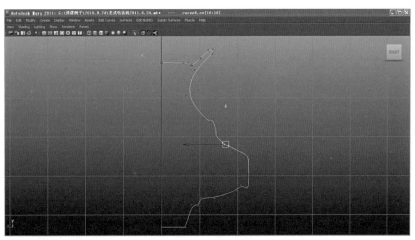

图 4-208   创建 CV 曲线

调整大小并放置到话筒上（图4-210）。

（3）复制球体。制作球体的作用是与话筒作裁剪，执行 Edit NURBS → Intersect Surfaces（相交曲面）。裁剪出收音孔，执行 Edit NURBS → Trim

Tool（裁剪曲面）命令，在要保留的部分单机鼠标后，按 Enter 键（图4-211）。

（4）创建话筒与机柱的连接部分。执行 CV 曲线工具，绘制模型的剖面线，执行 Revolve 命

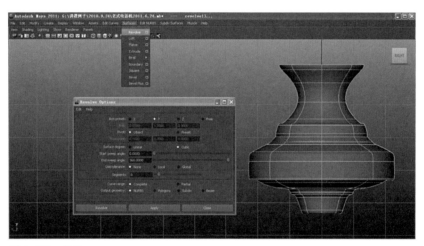

图4-209 旋转

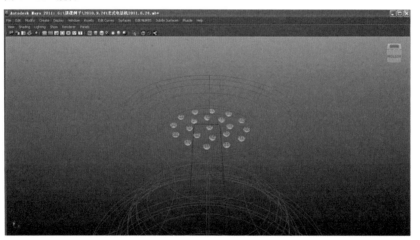

图4-210 创建球体并调整

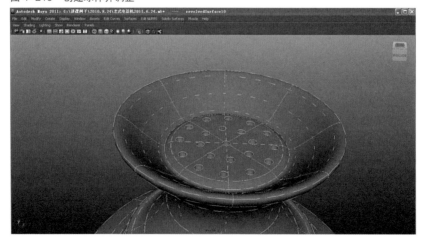

图4-211 剪切

令（图4-212、图4-213）。在模型上点击鼠标右键，在弹出菜单中选Isoparm（等参线）元素模式，选择纵向中轴的两条ISO线，执行Edit NURBS → Detach Sufaces（分离曲面），将模型从中间断开，删掉左半边（图4-214）。

（5）在模型上点击鼠标右键，在弹出菜单中选Isoparm（等参线）元素模式，选择切口处的两条ISO线，执行主菜单Edit Curves → Duplicate

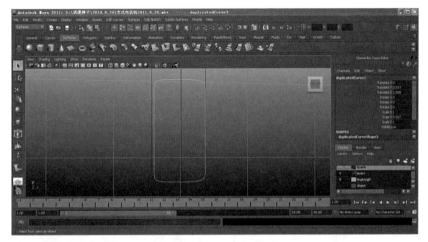

图4-212　创建CV线

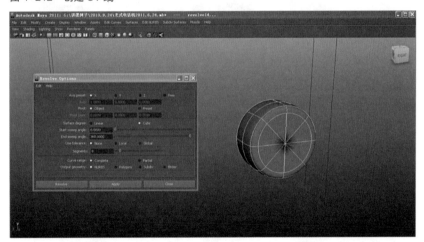

图4-213　旋转

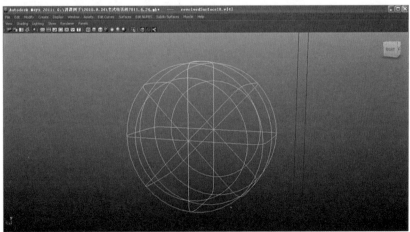

图4-214　断开

Surface Curves（复制曲面曲线）命令。然后，我们选择这两条曲线中的任意一条，执行 Edit Curves → Reverse Curve Direction（反转曲线方向）命令，对被选择曲线进行反转。选择这两条曲线，打开 Edit Curves → Attach Curves（结合曲线）命令的项目窗口，更改 Attach Method（结合模式）为 Connect（直接连接），取消勾选 Keep Originals（保留原始物体）项，点击 Attach 按钮，执行命令，按键盘 Ctrl+D 键，复制此线圈，并沿 X 轴将复制体向后拖动，选择原始曲线和复制曲线，执行 Surfaces → Loft（放样）（图 4-215、图 4-216）。

（6）按键盘的 Ctrl+G 键使这两个模型成组，移动模型到机柱与话筒的连接处（图 4-217），此时，话筒与机柱的连接部分就制作完成了。

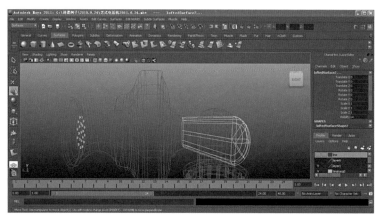

图 4-215　放样

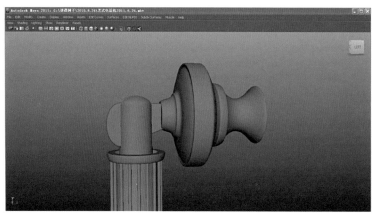

图 4-216　调整效果

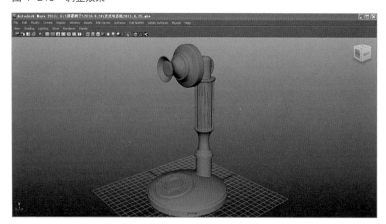

图 4-217　成组效果

4.9.5　听筒及电话线的制作

（1）制作话机听筒。执行 CV 曲线工具绘制听筒曲线。选择曲线，执行主菜单 Surfaces →

Revolve（旋转成型）命令，形成听筒（图 4–218、图 4–219）。

（2）执行 CV 曲线工具绘制电话线（图 4–220）。

（3）制作电话线辅助物体。执行主菜单

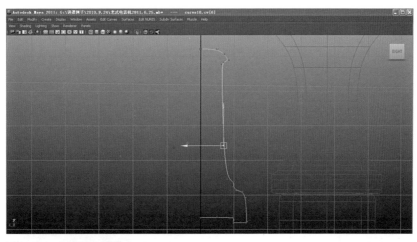

图 4–218　创建 CV 曲线

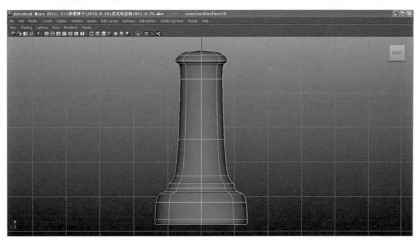

图 4–219　旋转

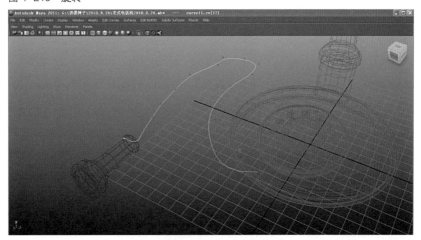

图 4–220　创建 CV 曲线

Surfaces → Extrude（拉伸）命令，调整 Extrude 参数（图 4-221）。

（4）执行 Modify（修改）→ Make Live（激活工具），执行完命令后，电话线辅助物体会变成绿色，此时执行主菜单 Create（创建）→ CV Curve Tool（CV 曲线工具）进行绘制，按住 D

键，并按住鼠标中键旋转，将其旋转至适当的圈数，并将其拉至物体末端（图 4-222）。

（5）螺旋线绘制好后要删除历史记录，删除电话线辅助物体，创建线圈。选择线圈加选曲线，执行主菜单 Surfaces → Extrude（拉伸）命令（图 4-223）。

（6）电话线就创建好了，但是如果发现效果

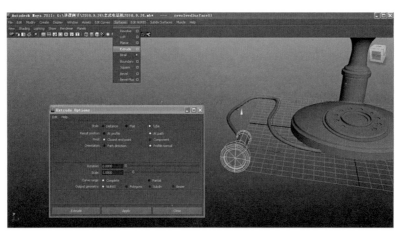

图 4-221　挤压

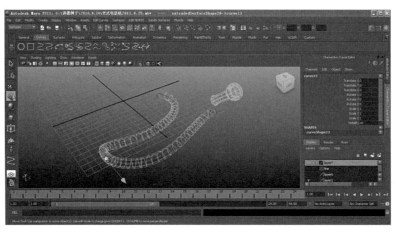

图 4-222　激活并创建线圈

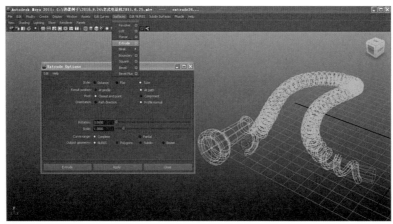

图 4-223　挤压

不理想,需要调整,执行 Rebuild Curve(重建曲面)命令（图 4−224）。

（7）制作电话线与机座连接部分的细节。创建圆柱体,添加段数并调整（图 4−225）。

（8）调整物体整体模型比例,最终效果（图 4−226、图 4−227）。

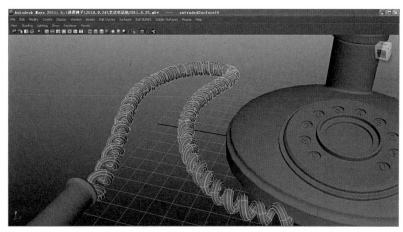

图 4−224　重修曲面

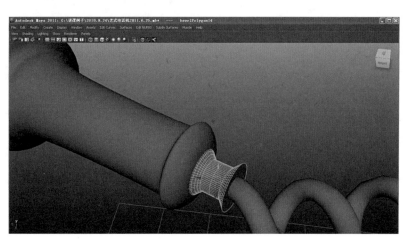

图 4−225　创建圆柱体并调整

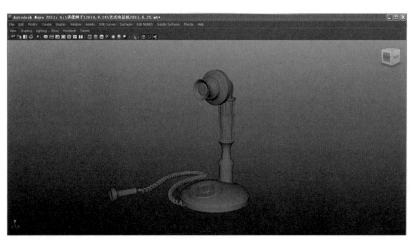

图 4−226　调整

图 4−227　最终效果

4.10 跑车座位制作实例

本实例主要使用 Maya 的 NURBS 曲面建模、轮廓曲线（Profile Curves/Splines）、圆角命令（Circular Fillet）和剪切（Trim）命令进行制作。

4.10.1 创建座位的转动装置

（1）在前视图（Front View）中创建一个有斜面的齿轮状轮廓曲线（图 4-228）。

（2）使用附加倒角（Bevel Plus）工具，对曲线进行创建。设定宽度（Width）为 0.1cm，深度（Depth）为 0.1cm，挤压深度（Extrude Depth）为 1.2cm，在外倒角样式（Outer Bevel Style）中选择 Convex Out 类型（图 4-229）。

（3）创建另一个轮廓曲线（图 4-230）。

（4）使用附加倒角（Bevel Plus）工具，对曲线进行创建。设定宽度（Width）为 0.1cm，深度（Depth）为 0.1cm，挤压深度（Extrude Depth）为 1.2cm，在外倒角样式（Outer Bevel Style）中选择 Convex Out 类型（图 4-231）。

（5）创建曲面圆柱（NURBS Cylinder），段数（Spans）为 6，旋转 90 度并且重新调整，拖拽到右边底部拐角的圆的中心处（图 4-232）。

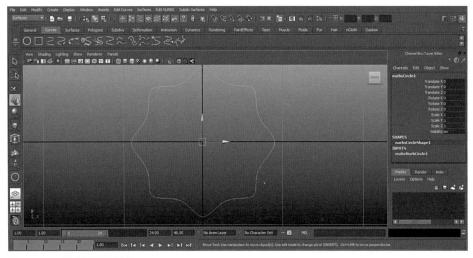

图 4-228 创建圆形并调整

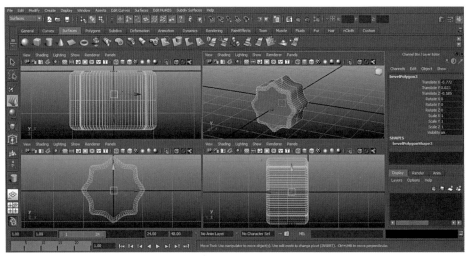

图 4-229 附加倒角

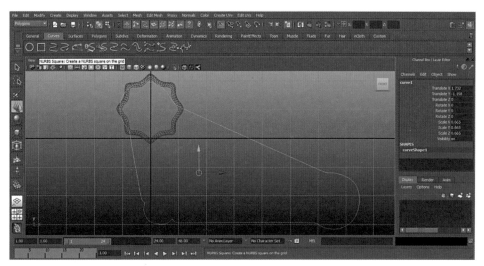

图 4-230　创建 CV 曲线

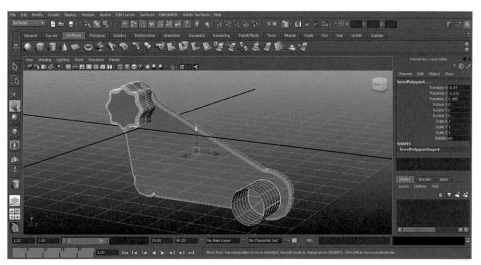

图 4-231　附加倒角

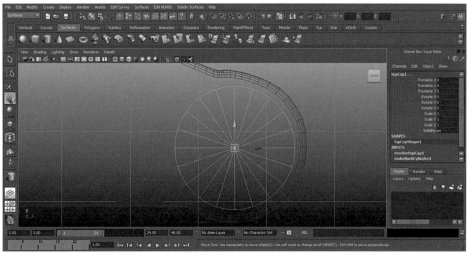

图 4-232　创建圆柱体

（6）在侧视图中，选择最右边的控制点，缩小它们（图4-233）。

（7）在前视图（Front View）中通过缩放视图来检查它们，同时调整右边的另外两排点，并且向右拖拽它们（图4-234）。

（8）复制圆柱体，并且将新复制的圆柱体隐藏，将圆柱体放到倒角曲线的中心（图4-235）。

（9）选择倒角面，再选择圆柱体，使用圆形填

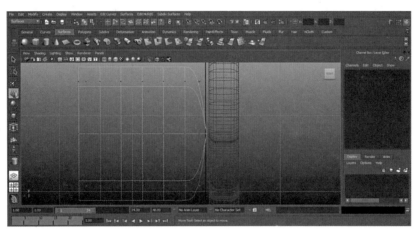

图4-233 缩放

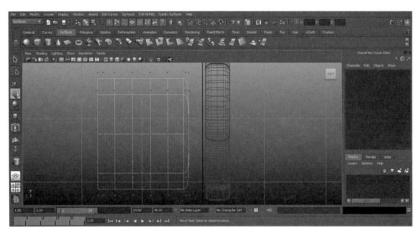

图4-234 调整

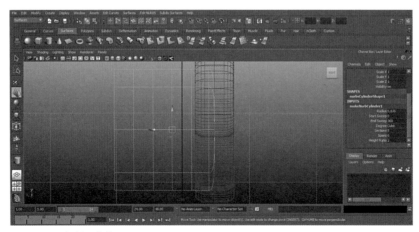

图4-235 复制圆柱体

角（Fillet Circular）命令，值大约为 0.056cm
（反转法线），并且剪切它（Trim），得到一半的
洞（图 4-236）。

（10）对左下的圆形拐角进行同样的操作（图
4-237、图 4-238）。

（11）选择所有的物体，打开渲染菜单（Render
Menu），选择设置曲面镶嵌（Set Nurbs Tessellation），
将曲率容差（Curvature Tolerance）设置为最高
质量（Highest Quality），把 U、V 的值设置为
50 左右，点击 Set And Close 渲染（图 4-239）。

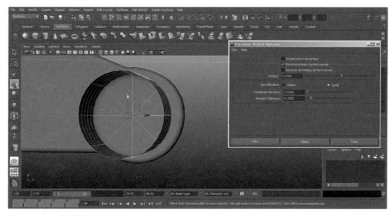

图 4-236　圆形填角

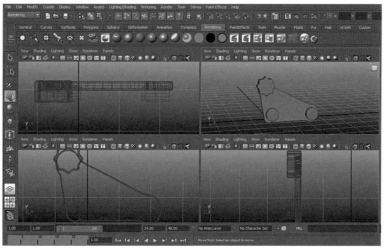

图 4-237　圆形填角

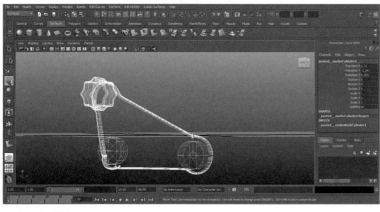

图 4-238　剪切

图 4-239　预览效果

4.10.2 创建底座的装饰

（1）在侧视图（Side）中创建两条轮廓曲线（图4-240）。

（2）在前视图（Front View）中创建一个有18个段数（Sections）的圆，旋转90度，将形状进行移动、缩放调节（图4-241）。

（3）透视图效果（图4-242）。

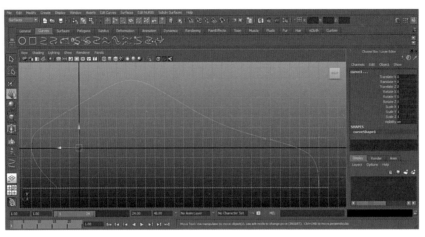

图 4-240　创建轮廓曲线

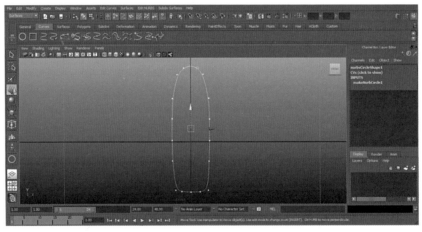

图 4-241　移动、缩放

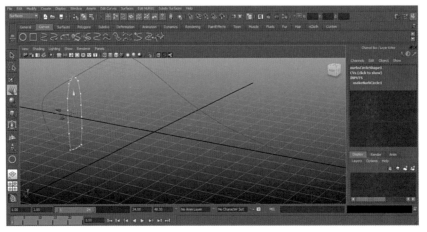

图 4-242　透视图

（4）复制并且缩放这条曲线，根据轮廓形状，多次移动、复制曲线，两边曲线缩放效果如图 4-243 所示。

（5）选择 3 条曲线，对称地选择顶部的控制点，向左移动一点，并且向左旋转（图 4-244）。

（6）按顺序选择所有的曲线，不选轮廓线，使用放样命令（Loft），制作曲面，复制镜像曲面，设定参数如图 4-245 所示，预览效果如图 4-246 所示。

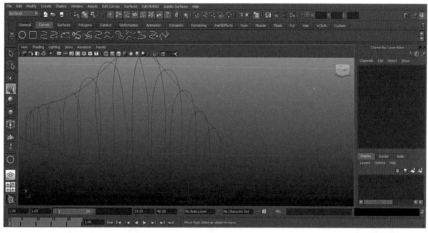

图 4-243　复制

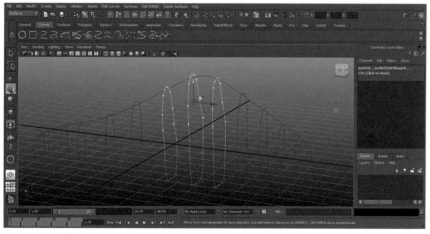

图 4-244　移动

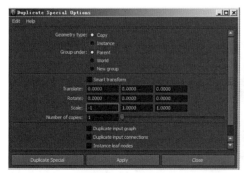

图 4-245　镜像参数设定

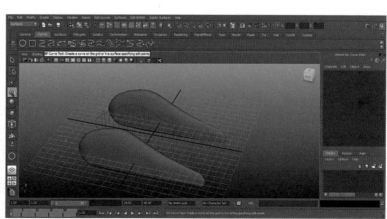

图 4-246　预览效果

（7）使用同样的步骤（复制曲线），创建中间的顶部和底部的装饰（图 4-247）。

（8）完成效果（图 4-248）。

4.10.3　创建座位顶部的装饰

（1）在侧视图（Side View）中创建轮廓曲线（图 4-249）。

（2）在顶视图（Top View）中创建一个具有 18 个段数（Sections）的圆，并且调整它的控制点（图 4-250）。

（3）进入侧视图（Side View），沿着轮廓曲线复制这个曲线，调整这些曲线，必须使顶部和

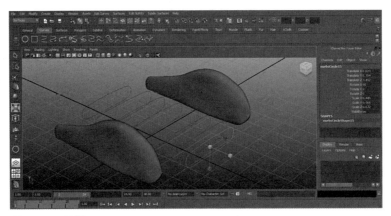

图 4-247　复制

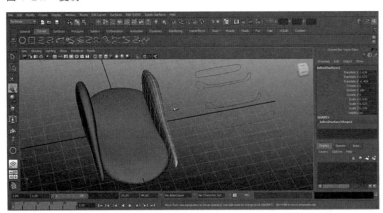

图 4-248　完成

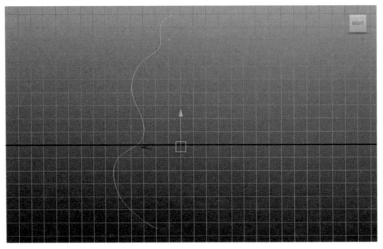

图 4-249　创建轮廓曲线

底部的曲线结合到路径线上（图 4–251）。

（4）隐藏轮廓曲线,从上到下按顺序选择曲线,使用放样（Loft）命令（图 4–252、图 4–253）。

（5）选中所有物体,成组,进行镜像复制（图 4–254 ～图 4–256）。

（6）完成（图 4–257）。

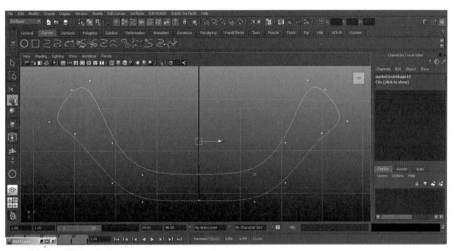

图 4–250　调整

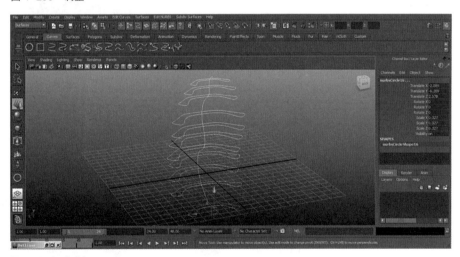

图 4–251　复制

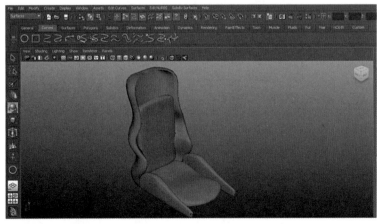

图 4–252　放样

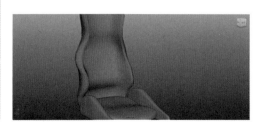

图 4–253　预览效果

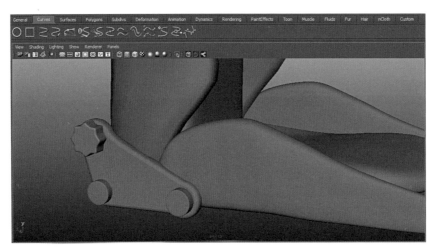

图 4-254　成组

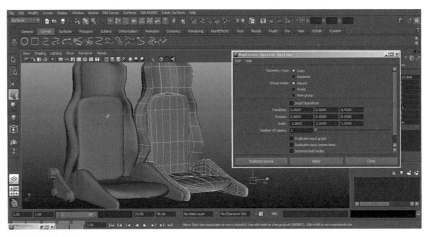

图 4-255　复制

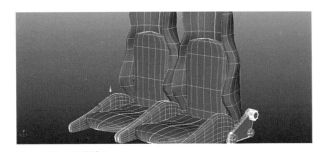

图 4-256　预览效果

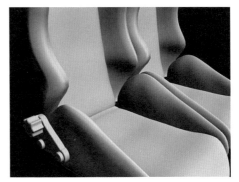

图 4-257　完成

4.11　实时训练题

1. 简述 Nurbs 曲面建模的优势。

2. 根据老式电话实例的制作思路和方法，找一些机械模型图片作参考，进行建模练习。

3. 完成跑车模型的制作。

第5章　细分建模

5.1　细分建模概述

细分建模是一种新的建模手段，它整合了NURBS 和 Polygons 建模方式的优点，其最大的优势就在于它的细分性，可以在局部不断地提高模型的细分层次，并能在高、低两种细节显示级别间切换，使得用户在不增加整体模型细节的基础上，局部地增加细节，但这也是它的缺点所在。细分建模更多地还是应用于静帧作品的创作，很少用于大型项目的生产，主要是技术还不成熟及运行速度较慢等原因造成的（图 5-1、图 5-2）。

5.2　细分原始物体的创建

在 Maya 中细分原始物体的创建有两种方式：一种是使用 Create → Subdiv Primitives 菜单命令创建细分物体表面的基本物体；另一种是用 Polygons 或 NURBS 物体创建基本形状，再使用 Modify → Convert → Polygons to Subdiv 或 NURBS to Subdiv 菜单命令将模型转换为细分物体，转换后可以对物体继续进行编辑。

1. 细分基本几何体的创建

Maya 中提供了六种基本几何体：Sphere（球体）、Cube（立方体）、Cylinder（圆柱体）、Cone（圆锥体）、Plane（平面）、Torus（圆环体）（图5-3）。

2. 将多边形或 NURBS 物体转换为细分物体

通过 Modify → Convert → Polygons to Subdiv 或 NURBS to Subdiv 菜单命令将模型转换为细分物体（图 5-4）。

参数属性面板如图 5-5 所示。

图 5-1　怪兽

图 5-2　人头建模

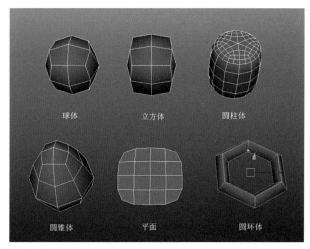

图 5-3　细分基本几何体

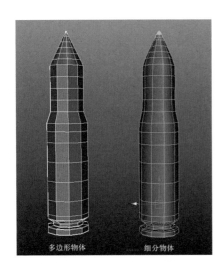

图5-4　将多边形转换为细分物体

图5-5　将多边形转换为细分物体属性面板

参数：

Maximum Base Mesh Face：基于网格的最大值。

Maximum Edges Per Vertex：每个点转换边的最大值。

5.3　细分物体的编辑方法

Subdiv Surfaces（细分表面）的编辑菜单（图5-6）。

它包含以下内容：

Texture（纹理编辑命令组）

Full Crease Edge/Vertex（完全锐化边或点）

Partial Crease Edge/Vertex（局部锐化边或点）

Uncrease Edge/Vertex（去除边或点的锐化）

Mirror（镜像）

Attach（结合）

Match Topology（匹配拓扑结构）

Clean Topology（清除拓扑结构）

Collapse Hierarchy（塌陷层级）

Standard Model（标准模式）

Polygon Proxy Model（多边形代理模式）

Sculpt Geometry Tool（雕刻笔工具）

Convert Selection to Faces（转化选择元素为面元素）

Convert Selection to Edges（转化选择元素为边元素）

Convert Selection to UVs（转化选择元素为UV元素）

Refine Selected Components（细化选择元素）

Select Coarser Components（选择粗糙元素）

Expand Selected Components（扩展选择的元素）

Component Display Level（元素显示层级）

Component Display Filter（元素显示过滤）

1.Texture（纹理编辑命令组）

细分物体的建模方式虽然类似于多边形建模，但是由于表面的描述方式不同，细分物体的贴面坐标编辑必须使用特定的编辑工具。细分物体的

图5-6　细分曲面编辑菜单

贴面坐标跟细分表面的等级划分一样，也可以分成不同等级进行编辑。

2.Full Crease Edge/Vertex（完全锐化边或点）

如果要在细分物体表面创建尖锐的棱角，需要使用"边或点的完全锐化操作"命令：选择细分物体的边或者点，直接执行该命令即可（图 5-7）。

3.Partial Crease Edge/Vertex（局部锐化边或点）

如果细分模型表面不需要过于锐利的棱角，可以选择半锐化操作对边或点进行小程度的锐化。使用方法：选择细分表面的边或点，运行该命令即可完成（图 5-8）。

4.Uncrease Edge/Vertex（去除边或点的锐化）

细分物体表面被锐化的边或点可以通过执行"去除边或点的锐化操作"命令将其还原到原初状态，选择需要还原的边或点，执行该命令即可。

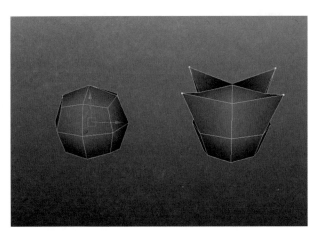

图 5-7　完全锐化点

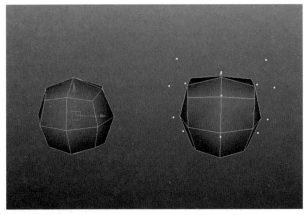

图 5-8　局部锐化点

5.Mirror（镜像）命令

镜像命令使用方法：选择需要镜像复制的细分物体，在"镜像"命令的选项面板中设定正确的轴向，然后执行该命令即可。

6.Attach（结合）命令

具有对称结构的模型，可以使用该命令将两部分合并成一个整体。选择镜像后的两个细分物体，执行该命令即可，可以在命令选项面板中对合并情况进行设置。

7.Match Topology（匹配拓扑结构）

在两个细分物体间创建融合变形时，两个细分物体的拓扑结构必须相同才可以顺利完成转变。如果细分物体在某些细分层级上拓扑结构不同，那么，在创建融合变形时，细分物体之间会自动将拓扑结构匹配成相同的。也可以手动完成此功能：选择两个需要融合变形的物体，通常是将一个物体进行复制以得到另一个物体，然后在目标物体上进行编辑，最后选择两个物体并执行"匹配拓扑"命令。

8.Clean Topology（清除拓扑结构）

如果细分物体表面有某些区域已经经过细化，但没有形体上的调整，那么这些区域的细化操作就没有意义。这种情况下，可以通过"清除拓扑结构"命令将没有变化的层级删除，从而起到精简、优化模型的作用。

9.Collapse Hierarchy（塌陷层级）

如果物体表面经过多次细化出现了很多细分层级，则可以通过"塌陷层级"命令将细分层级进行合并，这样，在编辑时就不必反复在多个层级间跳跃。命令面板中的 Number of Levels 选项用于设定塌陷的层级数。

10.Standard Model（标准模式）和 Polygon Proxy Model（多边形代理模式）

这两个命令与鼠标右键点击细分物体时弹出（标准）模式和多边形代理模式的切换按钮的功能是一样的。

11.Sculpt Geometry Tool（雕刻笔工具）

此工具和多边形建模中的雕刻工具作用相同，

可以在制作过程中对细分物体的表面进行雕刻塑造处理。

12. Convert Selection Faces/Edges/UVs（转化选择元素）命令

"转化选择元素"命令包括将选择的元素转化为面元素、边元素、点元素和 UV 元素。通过"转化选择元素"命令，可以快速地将选择的编辑对象在不同的元素模式下转换，以方便编辑物体。

13. Refine Selected Components（细分选择元素）

在细分物体上选择特定的元素，通过执行该命令将选择的区域细化一级，从而增加更多的可编辑的点、边或面。

14. Select Coarser Components（选择粗糙元素）

当物体需要切换到较低层级时可以使用该命令。

15. Expand Selected Components（扩展选择元素）

在细分物体上选择特定的元素，执行该命令后，只有部分区域产生细化的元素，如果编辑的范围超出了这个区域,则可以通过"扩展选择元素"命令将细化的区域变大。操作方法：选择细化区域边界上的元素，执行该命令即可。

16. Component Display Level（元素显示层级）

可以通过"元素显示层级"子菜单中的命令快速在细分物体上的各个细分层级间切换。

Finer：显示更精细的一级。

Coarser：显示更粗糙的一级。

Base：回到最基础的显示级。

17. Component Display Filter（元素显示过滤）

可以显示所有编辑元素，也可以只显示当前编辑的元素。

5.4 实时训练题

1. 简述细分建模的优、劣势。

2. 找一些怪兽的参考图片，完成其细分建模。

3. 根据提供的趣味狗的图片，进行细分建模。

图 5-9 趣味狗

第 6 章　国内外名家作品赏析

6.1　产品设计

　　Mark David 是澳大利亚的漫画家，担任过大型漫画奖评委，他的三维作品充满了灵感和想象，能充分发挥三维软件的表现力，表现作者的创作意图，且造型优美、构思巧妙、结构严谨、讲究实用性，同时又具有较强的观赏性和趣味性，给人强烈的视觉感受。

图 6-1　观赏性和趣味性的汽车造型之一

图 6-2　观赏性和趣味性的汽车造型之二

图 6-3　观赏性和趣味性的汽车造型之三

图 6-4　德国艺术家 Ralf Stumpf 的作品《看得见心脏的表》

6.2　人物设计

　　陈大钢是国内著名三维数字艺术家，擅长写实手法，其创作的李小龙系列作品更是精雕细琢，出神入化。

图 6-5　《自在之境》，2001年创作，使用 3ds Max 插件 MetaReyes 制作。它堪称古典艺术与现代科技完美结合的典范，其神态对于每个人都充满感染力

图 6-6　《守望》

图 6-7　李小龙系列之一

图 6-8　李小龙系列之二

图 6-9　李小龙系列之三

李素雅是韩国著名 3D 设计师，作为韩国三维图像和游戏人物设计的代表人物，她擅长写实手法，作品多以美少女创作为主。

图 6-10　美少女系列之一

图 6-11　美少女系列之二

图 6-12　美少女系列之三

图 6-13　美少女系列之四

图 6-14　美少女系列之五

图 6-15　陈建松作品《菩萨》

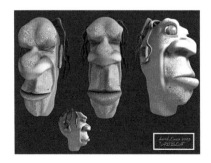

图 6-16　法国 3D 设计师 David Lauze 的作品

6.3　机器人设计

Meats Meier 是好莱坞派的著名 CG 代表人物之一，机器人造型奇特，金属质感强烈，场面气势恢宏，追求一种粗犷美，立意创新，富有很强的时代感。

图 6-17　机器人战争系列之一

图 6-18　机器人战争系列之二，电线的脉络，使人产生好奇心和震撼感

图 6-19　机器人战争系列之三

图 6-20　泰国艺术家 Monsit Jangariyawong 的 CG 作品《The Explorer》

图 6-21　德国艺术家 Ralf Stumpf 的作品《机器人》之一

图 6-22　德国艺术家 Ralf Stumpf 的作品《机器人》之二

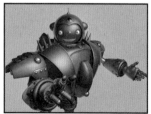

图 6-23　德国艺术家 Ralf Stumpf 的作品《机器人》之三

6.4　卡通角色

德国艺术家 Ralf Stumpf 于 2006 年创作了一组趣味性作品。卡通作品是表达作者情感的一种媒介，单纯而不简单，可鲜明地表现形态的个性。此系列作品均运用 Maya 软件强大的角色创建功能，大胆夸张、变形，使作者的情感融入作品中，孕育出极强的生命力。

图 6-24　德国艺术家 Ralf Stumpf 趣味 CG 作品之一

图 6-25　德国艺术家 Ralf Stumpf 趣味 CG 作品之二

图 6-26　德国艺术家 Ralf Stumpf 趣味 CG 作品之三

图 6-27　德国艺术家 Ralf Stumpf 趣味 CG 作品之四

图 6-28　德国艺术家 Ralf Stumpf 趣味 CG 作品之五

图 6-29　德国艺术家 Ralf Stumpf 趣味 CG 作品之六

6.5　动画场景

动画场景是动画创作的重要组成部分，澳大利亚漫画家 Mark David 的作品，追求细致和简练，表现风格不同，作品充分表现作者的情感、对未来生活的憧憬及对现实生活的理解。

图 6-30　《游乐场》之一，简单的基本几何体使场景简练而不单调

图 6-31　《游乐场》之二

图 6-32 好莱坞著名 CG 大师 Meats Meier 作品《希望》

图 6-33 泰国艺术家 Monsit Jangariyawong 的 CG 作品《God of the sea》

图 6-34 泰国艺术家 Monsit Jangariyawong 的 CG 作品《The Chariot》

图 6-35 法国 3D 设计师 David Lauze 的作品《静物》

图 6-36 德国艺术家 Ralf Stumpf 的作品《收获的季节》

6.6 实时训练题

1. 通过优秀作品赏析，你对三维软件的表现力的体会是什么？

2. 怎样提高三维造型设计的审美鉴赏能力和创造能力？

参考文献

[1]（美国）Dariush Derakhshani．Maya6 入门标准教材 [M]．王军等译．北京：电子工业出版社，2005．

[2] 孙富华．Maya4.5 风云手册（建模卷）[M]．北京：北京科海电子出版社，2003．

[3] 杨俊申，顾杰，侯双双．电脑立体构成设计教程 [M]．天津：天津大学出版社，2008．

后 记
POSTSCRIPT

笔者曾经出版过教材《走进 Maya 世界——模型卷》，取得不错的教学效果，但在软件更新速度日新月异的今天，有必要对《走进 Maya 世界——模型卷》进行重新编写，这才有了《三维动画建模基础》编写的冲动与欲望。可以说是其升级版与修订版，力求在遵循项目驱动教学法的同时，加大实时训练，也唯有多练习，才能提高其建模技巧。尤其在近几年的教学中，学生学习软件本身并不存在大的问题了，关键是能否创作出优秀的作品，培养其造型能力和建模技巧才是重中之重。

最后，再次感谢一直为本书忙碌的中国建筑工业出版社的编辑们，以及我的学生黄璧谡、黄敏、梁方东、焦寿熠等同学，没有他们的大力支持与帮助，本书不可能顺利完成。

图书在版编目（CIP）数据

三维动画建模基础／顾杰编著．—北京：中国建筑工业出版社，
2014.6
高等院校动画专业核心系列教材
ISBN 978-7-112-16679-4

Ⅰ．①三…　Ⅱ．①顾…　Ⅲ．①三维动画软件－高等学校－教材
Ⅳ．① TP391.41

中国版本图书馆 CIP 数据核字（2014）第 068863 号

责任编辑：唐　旭　吴　佳
责任校对：李美娜　刘梦然

高等院校动画专业核心系列教材
主编　王建华　马振龙　副主编　何小青
三维动画建模基础
顾　杰　编著
＊
中国建筑工业出版社出版、发行（北京西郊百万庄）
各地新华书店、建筑书店经销
北京嘉泰利德公司制版
北京方嘉彩色印刷有限责任公司印刷
＊
开本：880×1230毫米　1/16　印张：10¼　字数：265千字
2014年7月第一版　2014年7月第一次印刷
定价：58.00元
ISBN 978-7-112-16679-4
　　（25461）
版权所有　翻印必究
如有印装质量问题，可寄本社退换
（邮政编码　100037）